U0305578

编委会

梅州园林绿化常用植物图谱

ATLAS OF COMMON LANDSCAPING PLANTS IN MEIZHOU CITY

主编　廖富林 李信贤 杨和生

中国·广州

图书在版编目（CIP）数据

梅州园林绿化常用植物图谱 / 廖富林，李信贤，杨和生主编. —广州：暨南大学出版社，2015.9
ISBN 978 – 7 – 5668 – 1576 – 7

Ⅰ. ①梅… Ⅱ. ①廖… ②李… ③杨… Ⅲ. ①园林植物—梅州市—图谱
Ⅳ. ① S68–64

中国版本图书馆 CIP 数据核字（2015）第 175456 号

出版发行：暨南大学出版社

地　址：中国广州暨南大学
电　话：总编室（8620）85221601
营销部（8620）85225284　85228291　85228292（邮购）
传　真：（8620）85221583（办公室）　85223774（营销部）
邮　编：510630
网　址：http：//www.jnupress.com　http：//press.jnu.edu.cn

排　版：广州良弓广告有限公司
印　刷：深圳市新联美术印刷有限公司

开　本：889mm × 1092mm　1/16
印　张：21.75
字　数：600 千
版　次：2015 年 9 月第 1 版
印　次：2015 年 9 月第 1 次

定　价：168.00 元

序

生态文明是人类可持续发展的永恒主题。最近，中共中央政治局审议通过了《关于加快推进生态文明建设的意见》，提出要协同推进新型工业化、城镇化、信息化、农业现代化和绿色化，把绿色化提到国家政治任务的高度。绿色化，就是把生态文明建设融入经济、政治、文化、社会建设各方面和全过程，牢固树立“绿水青山就是金山银山”的理念，坚持把节约优先、保护优先、自然恢复作为基本方针，把绿色发展、循环发展、低碳发展作为基本途径，把深化改革和创新驱动作为基本动力，把培育生态文化作为重要支撑，把重点突破和整体推进作为工作方式，把生态文明作为人类活动的自觉选择融入到生产生活之中，切实抓紧抓好。

梅州是广东的生态发展区、重要的生态屏障。境内生物丰富多样，有3 000多种高等植物，经考察采集记载的就有2 838种，是充满魅力的生态富集区。近年来，梅州牢固树立环境优先理念，依托良好的生态资源，在发展中保护、在保护中发展，深入开展“绿满梅州”大行动，大力推进“一消灭三改造”（消灭宜林荒山，改造疏残林、纯松林、低效速生林），抓好森林碳汇、生态景观林带、森林进城围城、乡村绿化美化等重点生态工程建设，开展城乡环境综合整治，着力建设森林里的宜居城乡，努力实现美丽与发展共赢。截至目前，全市森林覆盖率达74.38%，有84个市级以上森林公园、22个市级以上湿地公园、16个市级以上自然保护区，城区绿化覆盖率达42.92%，城区绿地率达36.68%，人均公园绿地面积15.3平方米，形成了“山水相依，错落有致，林在城中，城在林中，和谐秀美”的园林城市格局，先后被评为国家园林城市、中国优秀旅游城市、中国十佳绿色环保标志城市、国家生态文明先行示范区。梅州良好的生态环境，深受广大外出乡贤和海内外游客的广泛赞誉。

风景园林绿化常用植物与应用，是梅州多年来集中研究的一个重要课题。目前，我们遴选了300多种具有较高观赏价值和推广应用价值的园林植物，编辑成书，详细介绍这些植物的识别要点、生态习性、园林用途和易发病虫害，旨在为从事园林建设、绿化工程、科研教学的工作者和植物爱好者提供一本看得懂、学得会、用得上的“植物字典”。希望广大市民和朋友站在建设生态文明的高度，积极投身“绿满梅州”大行动，大力推进生产生活方式“绿色化”，为梅州市创建全国生态文明先行示范区、建设环保模范城市奉献智慧、给力支持。

中共梅州市委书记　黄强

2015年7月于梅州

前言

随着社会经济发展，我国农村城镇化进程的加速和城市建设步伐的加快，城乡生态与环境质量日益受到全社会的普遍关注，园林绿化对改善人居环境、提高居民生活质量、促进城乡可持续发展具有举足轻重的作用。

梅州提出“城是宜居区，乡是生态园”的建设目标，如何正确选择、合理配置园林植物，以体现城乡绿地地域性植物景观风貌，促进人与自然的和谐，是梅州城乡园林绿化建设所面临的重要课题。那些从事相关园林建设、绿化工程、科研教学的工作者和广大的植物业余爱好者，渴望快速而准确地获取某种植物的基本信息，如科属、别名及一些基本的形态特征、生态习性、观赏特性和园林用途，而这往往需要花费大量的时间和精力去考证、比较。因此，当地从事相关工作的人们期望能有一本“植物字典”，更准确地说是一本“园林绿化应用植物字典”，可以像查字典一样快速、方便地查到所需植物的基本信息。《梅州园林绿化常用植物图谱》就是这样一本植物工具书，它遴选并予以介绍的是在梅州市分布较广、有较高观赏价值且在全市范围内都能种植的园林植物，旨在为梅州城乡绿化实现适地适树、适地适草提供科学依据。

本书以图文对应方式，详细介绍了梅州地区园林绿化中常用的植物300余种，有彩色照片1 000余幅，均系实地考察拍摄。内容包括植物学名、中文正名、别名、科属、识别要点、生态习性、园林用途和易发病虫害，特别加强了名贵树木特征、易发病虫害、园林绿化用途等应用性介绍，旨在帮助读者了解梅州园林绿化建设工程中常用园林植物的生态习性与配植应用特点。本书在编写过程中注意兼顾专业性、学术性和应用性，力求图文并茂，兼有行业技术培训读本和实用工具书的特点，既可作为从事园林绿化建设工程造价审核工作人员的专业教材和工作手册，也可供从事城市规划建设、城市园林绿化工程相关领域工作的公务人员、专业技术人员阅读参考和大中专院校师生作辅助教材使用。

本书是在梅州市委市政府的重视和支持下，梅州市住房和城乡建设局的组织和领导下，以及嘉应学院生命科学学院和梅州市风景园林协会的指导下，历时2年编写完成的，并得到了社会各界支持园林事业的单位和个人的鼎力协助，特此谨致谢忱！

由于编者的水平和能力有限，疏漏和不足之处在所难免，恳请同行和广大读者提出宝贵意见，以便今后修正和完善。

编　者
2015年7月

contents 目录

乔木类

水生类

藤本类

竹类

棕榈类

灌木类

紫薇

学　　名：***Lagerstroemia indica***
别　　名：痒痒树、百日红
科　　属：千屈菜科紫薇属

► 识别要点：

落叶灌木或小乔木。树皮平滑。枝干多扭曲，小枝纤细，具4棱。叶互生或对生，纸质。花淡红色、紫色或白色，常组成7～20厘米的顶生圆锥花序。

► 生态习性：

喜温暖湿润气候，喜光，略耐阴，喜肥，尤喜深厚肥沃的砂质壤土，喜生于略有湿气之地，亦耐干旱，忌涝，忌种在地下水位高的低湿地方，性喜温暖，能抗寒，萌蘖性强。

► 园林用途：

紫薇作为优秀的观花乔木，在园林绿化中，被广泛用于公园绿化、庭院绿化、道路绿化、街区城市绿化等，在实际应用中可栽植于建筑物前、院落内、池畔、河边、草坪旁以及公园中小径两旁。

► 易发病虫害：

常见病害有白粉病等，常见虫害有紫薇长斑蚜、紫薇绒蚧等。

夜香木兰

学　　名：***Magnolia coco***
别　　名：夜合花
科　　属：木兰科木兰属

识别要点：

常绿灌木或小乔木，树皮灰色、平滑。叶革质，椭圆形、狭椭圆形或倒卵状椭圆形，叶面浓绿色、有光泽，叶背淡绿色。花单朵，顶生，白色或微黄色，下垂。聚合果，蓇葖果近木质。

生态习性：

耐阴，喜肥。喜生长在温暖湿润和半阴半阳的环境中。宜排水良好、肥沃、微酸性砂质壤土，忌石灰质土壤。

园林用途：

树姿小巧玲珑，夏季开出绿白色球状小花，昼开夜闭，幽香清雅，在南方常配植于公园和庭院中。

易发病虫害：

常见病害有叶枯病等，常见虫害有叶甲虫、蚜虫和蚧壳虫等。

龙船花

学　　名：***Ixora chinensis***
别　　名：山丹、英丹、卖子木
科　　属：茜草科龙船花属

► 识别要点：

常绿小灌木，全株无毛。叶对生，薄革质，披针形，矩圆状披针形至矩圆状倒卵形，全缘，有极短的柄。聚伞花序顶生，花冠红色或橙黄色，花期5—7月，浆果近球形，熟时红黑色。

► 生态习性：

性喜温暖，喜高温湿润的环境，不耐寒，喜光，耐半阴，抗旱，也怕积水，要求富含腐殖质、疏松、肥沃的酸性土壤。

► 园林用途：

株型美观，花色红艳，花期长久，宜盆栽观赏。在华南地区，可在园林中丛植，或与山石配植，其根是一味药材。

► 易发病虫害：

常见病害有叶斑病、炭疽病等，常见虫害有蚧壳虫等。

夹竹桃

学　　名：***Nerium indicum***
别　　名：柳叶桃、半年红、甲子桃
科　　属：夹竹桃科夹竹桃属

▶ 识别要点：

常绿直立大灌木，叶 3 ～ 4 枚轮生，枝条下部为对生，窄披针形，全绿，革质，聚伞花序顶生，花冠紫红色、粉红色、白色、橙红色或黄色，单瓣或重瓣，芳香，蓇葖果矩圆柱，几乎全年有花，果期一般在冬季。

▶ 生态习性：

喜光，喜温暖湿润气候，生命力强，生长迅速，抗大气污染，耐海潮，耐瘠薄，但不耐阴，对土壤要求不严格。

▶ 园林用途：

可作庭院观赏植物，或丛植。

▶ 易发病虫害：

常见病害有褐斑病等，常见虫害有蚜虫、蚧壳虫等。

HARBIN
NBA

倒吊黄

学　　名：***Polygala aureocauda***
别　　名：黄花远志、吊黄、黄花倒水莲
科　　属：远志科远志属

► 识别要点：

落叶灌木，高1～3米，全株有甜味。根粗壮，淡黄色，肉质。树皮灰白色。叶互生，总状花序顶生，下垂，花黄色，左右对称。蒴果阔肾形，扁平。种子有毛，一端平截，一端突起。花期夏季。

► 生态习性：

生于山坡疏林或沟谷丛林中。

► 园林用途：

可配植于溪边。

► 易发病虫害：

常见病害有根腐病等，常见虫害有蚜虫等。

牛耳枫

学　　名：***Daphniphyllum calycinum***

别　　名：南岭虎皮楠、牛耳树、牛耳风

科　　属：虎皮楠科虎皮楠属

识别要点：

常绿灌木或小乔木，高 1.5 ～ 4 米，小枝灰褐色，具稀疏皮孔。叶纸质，阔椭圆形或倒卵形，长 12 ～ 16 厘米，宽 4 ～ 9 厘米，先端钝或圆形，具短尖头，基部阔楔形，全缘，略反卷，干后两面呈绿色，叶面具光泽，叶背多被白粉，花期 4—6 月，果期 8—11 月。

生态习性：

生于海拔 250 ～ 700 米的灌丛中或小溪两岸的疏林中。

园林用途：

叶形奇特，具有较大的观赏价值。

易发病虫害：

常见病害为斑枯病，常见虫害有地老虎等。

福建茶

学　　名：***Carmona microphylla***
别　　名：基及树、猫仔树
科　　属：紫草科基及树属

识别要点：

常绿灌木，株高1～3米，多分枝。叶互生，短枝上的叶子簇生，先端具粗钝齿，叶面常有白色点，花白色，2～6朵组成腋生聚伞花序，春夏开花，核果球形，成熟呈红色或黄色，秋季成熟。

生态习性：

喜光，喜温暖湿润气候，不耐寒，适生于疏松肥沃及排水良好的微酸性土壤。萌芽力强，耐修剪。

园林用途：

枝繁叶茂，株型紧凑，适宜在园林绿地中种植观赏，也是制作绿篱、盆景或盆栽的好材料。

易发病虫害：

常见虫害有蚧壳虫等。

含笑花

学　　名：***Michelia figo***
别　　名：含笑梅、山节子、香蕉花
科　　属：木兰科含笑属

► 识别要点：

常绿灌木或小乔木，株高 3 ～ 5 米。树皮灰褐色，小枝有环状托叶痕。单叶互生，革质，椭圆形或倒卵形，先端渐尖或尾尖，基部楔形，全缘，叶面有光泽，叶背中脉上有黄褐色毛，叶背淡绿色。花乳黄色，瓣缘常具紫色，有香蕉型芳香。

► 生态习性：

喜稍阴条件，不耐烈日暴晒。喜温暖湿润环境，不甚耐寒。宜种植于背风向阳之处。不耐干燥贫瘠，喜排水良好、肥沃深厚的微酸性土壤。

► 园林用途：

自然长成圆形，枝繁叶茂，四季常青。本种亦为著名芳香花木，适宜在小游园、花园、公园或街道上成丛种植，可配植于草坪边缘或稀疏林丛之下，使游人在休息之余常得芳香气味。

► 易发病虫害：

常见病害有叶枯病、炭疽病、藻斑病和煤污病等，常见虫害有考氏白盾蚧等。

南紫薇

学　　名：***Lagerstroemia subcostata***
别　　名：马铃花、蚊仔花、构那花
科　　属：千屈菜科紫薇属

► 识别要点：

落叶灌木或乔木，株高 2 ～ 8 米，树皮灰白色，叶对生或近对生，圆锥花序顶生，花序轴被微柔毛，花白色。花期 6—8 月，果期 7—10 月。

► 生态习性：

喜温暖湿润的气候，喜阳光，稍耐旱，不耐寒。对土壤要求不严，以向阳、土层深厚、疏松肥沃的砂质壤土栽培为宜。

► 园林用途：

观花乔木，可孤植或片植。

► 易发病虫害：

少见病害，常见虫害有蚧壳虫等。

红花芦莉

学　　名：***Ruellia elegans***
别　　名：艳芦莉、美丽芦莉草、大花芦莉
科　　属：爵床科蓝花草属

► 识别要点：

常绿小灌木，株高 60 ～ 90 厘米。叶椭圆状披针形或长卵圆形，叶绿色，微卷，对生，先端渐尖，基部楔形。花腋生，花冠筒状，5 裂，鲜红色，花期夏、秋季。

► 生态习性：

喜湿润。喜阳光充足。生长适温为 22℃～ 30℃。喜富含有机质的中性、微酸性壤土或砂质壤土。

► 园林用途：

盆栽用于阳台、天台或阶前观赏，也适合在庭院的路边、墙垣边栽培，园林中常于路边、林缘下丛植或片植。

► 易发病虫害：

未发现严重病虫害。

三角梅

学　　名：***Bougainvillea spectabilis* Willd**
别　　名：簕杜鹃、叶子花、九重葛
科　　属：紫茉莉科叶子花属

识别要点：

常绿攀缘状灌木。枝具刺，拱形下垂。单叶互生，卵形全缘或卵状披针形，花顶生，常3朵簇生于叶状苞片内，苞片卵圆形，为主要观赏部位。花期在冬、春季。

生态习性：

喜温暖湿润气候，不耐寒，温度在3℃以上才可安全越冬，15℃以上方可开花。喜充足光照。对土壤要求不严，在排水良好、含矿物质丰富的黏重壤土中生长良好，耐贫瘠，耐碱，耐干旱，忌积水，耐修剪。

园林用途：

苞片大，色彩鲜艳，且持续时间长，宜庭院种植或盆栽观赏。还可制作盆景、绿篱及修剪造型。

易发病虫害：

常见病害有叶斑病、褐斑病等，常见虫害有蚧壳虫、叶甲虫和蚜虫等。

细叶萼距花

学　　名：***Cuphea hyssopifolia***
别　　名：满天星、细叶雪茄花
科　　属：千屈菜科萼距花属

► 识别要点：

常绿小灌木。植株矮小，茎直立，分枝多而细密。对生叶小，线状披针形。花小而多，盛放时布满花坛，状似繁星，故又名满天星。

► 生态习性：

耐热喜高温，不耐寒。喜光，也能耐半阴，在全日照、半日照条件下均能正常生长。喜排水良好的砂质壤土。

► 园林用途：

可作花坛、花境两侧绿篱，也可作盆花。

► 易发病虫害：

抗逆性强，较少感染病虫害。

倒挂金钟

学　　名：***Fuchsia hybrida***
别　　名：吊钟海棠、灯笼花
科　　属：柳叶菜科倒挂金钟属

► 识别要点：

多年生半灌木或小灌木，株高 50 ～ 200 厘米。茎直立，多分枝，幼枝带红色。叶对生，卵形或狭卵形。花单生于枝上部叶腋内，具长梗而下垂。

► 生态习性：

冬季要求温暖湿润、阳光充足、空气流通的环境，夏季要求干燥、凉爽、半阴的环境。忌酷暑、闷热及日晒雨淋。

► 园林用途：

栽培品种极多，是我国常见的盆栽花卉，花形奇特，花期长，观赏性强，气候适宜地区可地栽布置花坛，也有少数观叶品种。

► 易发病虫害：

常见病害有灰霉病、白粉病、根腐病、枯萎病和锈病等，常见虫害有白粉虱、蚜虫和红蜘蛛等。

绣球

学　　名：***Hydrangea macrophylla***
别　　名：八仙花、粉团花、紫阳花
科　　属：虎耳草科绣球属

识别要点：

落叶灌木，株高 1 ～ 4 米。叶阔椭圆形或倒卵形，边缘具钝齿。伞房花序顶生，球状。花几乎全为无性花，所谓的“花”只是萼片而已。花期 6—8 月。

生态习性：

为暖带阴性树种，较耐寒。适宜湿润、排水良好且富含腐殖质的土壤。

园林用途：

可作切花，也可作盆栽或于庭院露地栽培。

易发病虫害：

常见病害有萎蔫病、白粉病和叶斑病等。

海桐

学　　名：***Pittosporum tobira***
别　　名：山瑞香、海桐花、山矾
科　　属：海桐科海桐花属

► 识别要点：

常绿灌木或小乔木，株高可达6米。单叶互生，倒卵形或椭圆形，全缘，边缘反卷，厚革质，表面浓绿有光泽。5月开花，花白色或淡黄色，芳香，呈顶生伞形花序，10月果熟，蒴果呈卵球形，成熟时三瓣裂，露出鲜红色种子。

► 生态习性：

喜温暖湿润环境，适应性强，有一定的抗旱、抗寒力。

► 园林用途：

可作基础种植及绿篱材料，亦可孤植或丛植于草坪边缘或路旁、河边。

► 易发病虫害：

常见病害有煤污病，常见虫害有吹绵蚧等。

台琼海桐

学　　名：***Pittosporum pentandrum* var. *formosanum***
别　　名：台湾海桐花
科　　属：海桐科海桐花属

► 识别要点：

常绿灌木或小乔木，株高 12 米，嫩枝被锈色柔毛，老枝秃净，皮孔不很明显。叶簇生于枝顶，成假轮生状，二年生或三年生。圆锥花序顶生，花淡黄色，有芳香，萼片分离。蒴果扁球形，长 6～8 毫米，宽 7～9 毫米，秃净无毛。花期 5—10 月。

► 生态习性：

对光照的适应能力较强，较耐阴，亦颇耐烈日，但以半阴地生长最佳。喜肥沃湿润土壤，干旱贫瘠地生长不良，稍耐干旱，颇耐水湿。

► 园林用途：

常作绿篱栽植，也可孤植、丛植于草丛边缘、林缘或门旁，列植在路边。

► 易发病虫害：

少见病虫害。

红车

学　　名：***Syzygium rehderianum***
别　　名：红枝蒲桃、富贵红
科　　属：桃金娘科蒲桃属

▶ 识别要点：

常绿灌木或小乔木，嫩枝红色，干后褐色，圆形，稍压扁，老枝灰褐色。叶片革质，椭圆形至狭椭圆形，长 4 ～ 7 厘米，宽 2.5 ～ 3.5 厘米，先端急渐尖。聚伞花序腋生，或生于枝顶叶腋内。果实椭圆状卵形，长 1.5 ～ 2 厘米，宽 1 厘米。花期 6—8 月。

▶ 生态习性：

生长于海拔 160 米的地区，见于疏林中、山谷中、常绿阔叶林中，或山坡、溪边。

▶ 园林用途：

可作造型苗木，三五成群配植成景，也可与景石等园林小品搭配成景。

▶ 易发病虫害：

生性强健，对环境适应性强，较少感染病虫害。

石榴

学　　名：***Punica granatum***

别　　名：安石榴、若榴木、丹若、金罂、金庞、涂林

科　　属：石榴科石榴属

► 识别要点：

落叶灌木或乔木，干灰褐色，嫩枝多棱，叶呈披针形，质厚，全缘，花两性，有钟状花和筒状花，前者结果，后者常凋落不结果，花期5—6月。

► 生态习性：

较耐瘠薄和干旱，怕水涝，生育季节需水极多。

► 园林用途：

既可观花又可观果，且可食用，可用来摆设盆花群或供室内观赏。

► 易发病虫害：

常见病害有白腐病、黑痘病和炭疽病等，常见虫害有刺蛾、蚜虫、蛴象、蚧壳虫和斜纹夜蛾等。

红果仔

学　　名：***Eugenia uniflora***
别　　名：番樱桃
科　　属：桃金娘科番樱桃属

► 识别要点：

灌木或小乔木，高可达 5 米。叶革质，大若指甲，叶色由红渐变为绿，花白色，稍芳香，果实熟时深红色。花期在春季。

► 生态习性：

喜湿润，不耐寒和干旱。

► 园林用途：

果枝典雅可爱，为重要的观果植物。红果仔为高档园林树种，在华南地区普遍受到欢迎，校园内常作道旁观赏植物。

► 易发病虫害：

常见病害有炭疽病等，常见虫害有蚧壳虫等。

虎刺梅

学　　名：***Euphorbia milii***
别　　名：铁海棠、麒麟刺、虎刺
科　　属：大戟科大戟属

识别要点：

多刺直立或攀缘性小灌木，多分枝，体内有白色浆汁，茎和小枝有棱，棱沟浅，密被锥形尖刺，叶片着生于新枝顶端、倒卵形，叶面光滑、鲜绿色，花有 2 枚红色苞片，蒴果扁球形，花期在冬、春季。

生态习性：

耐高温、不耐寒，以疏松、排水良好的腐殖质壤土为最好。

园林用途：

可作盆栽观赏，或作刺篱等。

易发病虫害：

常见病害有茎腐病、根腐病等，常见虫害有粉虱、蚧壳虫等。

月季

学　　名：***Rosa chinensis***
别　　名：月月红、长春花
科　　属：蔷薇科蔷薇属

识别要点：

落叶灌木或常绿灌木，或蔓状与攀缘状藤本植物。茎棕色偏绿，具钩刺或无刺。小枝绿色，叶为墨绿色，叶互生，奇数羽状复叶。花生于枝顶，花朵常簇生，花色甚多。花期4—10月。

生态习性：

适应性强，耐寒耐旱，对土壤要求不严格，但以富含有机质、排水良好的微酸性砂质壤土为最好。

园林用途：

可用于园林布置花坛、花境、庭院花材，可制作月季盆景，作切花、花篮、花束等。

易发病虫害：

常见病害有黑斑病、白粉病和叶枯病等，常见虫害有蚜虫、刺蛾和蚧壳虫等。

朱蕉

学　　名：***Cordyline fruticosa***
别　　名：朱竹、红叶铁树、千年木
科　　属：百合科朱蕉属

▶ 识别要点：

从生常绿灌木，直立，高 1 ～ 3 米。茎粗 1 ～ 3 厘米，有时稍分枝。叶聚生于茎或枝的上端。花为圆锥花序，淡红色，果实为浆果。花期 11 月至次年 3 月。

▶ 生态习性：

性喜高温多湿气候，属半阴植物，既不能忍受北方地区烈日暴晒，完全荫蔽处叶片又易发黄，不耐寒，除广东、广西、福建等地外，只宜置于温室内作盆栽观赏，广泛栽种于亚洲温暖地区。

▶ 园林用途：

株形美观，色彩华丽高雅，盆栽适用于室内装饰。盆栽幼株，点缀客室和窗台，优雅别致。成片摆放于会场、公共场所、厅室出入处，端庄整齐，清新悦目。数盆摆设于橱窗、茶室，更显典雅豪华。

▶ 易发病虫害：

常见病害有炭疽病和叶斑病等，常见虫害有蚧壳虫等。

巴西野牡丹

学　　名：***Tibouchina semidecandra***
别　　名：紫花野牡丹、艳紫野牡丹
科　　属：野牡丹科蒂牡花属

► 识别要点：

常绿灌木，株高约60厘米。枝条红褐色，叶对生，叶椭圆形至披针形，全缘。花顶生，花大型，5瓣，浓紫蓝色，中心的雄蕊白色且上曲。在梅州花期近乎全年。

► 生态习性：

极耐寒，但温度低于3℃有冻害。

► 园林用途：

观花植物，可孤植或片植，或丛植布置园林。

► 易发病虫害：

抗逆性强，较少感染病虫害。

扶桑花

学　　名：***Hibiscus rosa-sinensis***
别　　名：大红花、朱槿
科　　属：锦葵科木槿属

► 识别要点：

常绿大灌木，株高1～3米。茎多分枝。叶互生，阔卵形至狭卵形，花大，单生于上部叶腋，有各种颜色，花漏斗形，单体雄蕊伸出于花冠之外，全年开花。

► 生态习性：

喜温暖湿润气候，不耐寒，喜光，阴处也可生长，但甚少开花。

► 园林用途：

观赏花木，作盆栽是布置节日公园、花坛、宾馆、会场的极好选择。

► 易发病虫害：

常见病害有炭疽病、叶斑病和煤污病等，常见虫害有蚜虫、红蜘蛛和刺蛾等。

木芙蓉

学　　名：***Hibiscus mutabilis***
别　　名：芙蓉花、拒霜花、华木
科　　属：锦葵科木槿属

► 识别要点：

落叶灌木或小乔木，高 2 ～ 5 米。叶阔卵形至卵圆形，花冠初开放时白色，午后变红，花瓣 5 枚，多重瓣。蒴果扁球形，顶端圆钝，种子肾形。花期 9—12 月。

► 生态习性：

喜光，稍耐阴，不耐寒冷，适生于中性、微酸性土壤。多生于水边。

► 园林用途：

花期长，花大色艳，五彩缤纷，为优良木本花卉，是庭院美化树种。

► 易发病虫害：

常见病害有木芙蓉白粉病等，常见虫害有角斑毒蛾、小绿叶蝉等。

木槿

学　　名：***Hibiscus syriacus***
别　　名：白槿花、大碗花、朝开暮落花
科　　属：锦葵科木槿属

► 识别要点：

落叶灌木或小乔木，高 3 ～ 4 米，小枝灰褐色，幼时密被绒毛，叶互生，卵形或菱状卵形，先端通常 3 裂，裂缘缺裂状，叶缘有圆钝或尖锐锯齿，叶脉为三出脉。花单生，单瓣或重瓣，为蓝紫色、白色、红色等。蒴果卵圆形，密生星状绒毛。花期 7—10 月，果期 9—11 月。

► 生态习性：

喜光又稍耐阴，喜水湿又耐干旱，耐瘠薄土壤，较耐寒。

► 园林用途：

可孤植、丛植，也可用作花篱材料。

► 易发病虫害：

常见病害有炭疽病、叶枯病、白粉病和锈病等，常见虫害有红蜘蛛、蚜虫、蓑蛾、夜蛾和天牛等。

茶梅

学　　名：***Camellia sasanqua***
别　　名：茶梅花
科　　属：山茶科山茶属

► 识别要点：

常绿灌木或小乔木。叶互生，椭圆形至长圆卵形，先端短尖，边缘有细锯齿，革质。花多白色和红色，略芳香。蒴果球形，花色除红、白、粉红等色外，还有很多奇异的变色及红、白镶边等。花期长，从10月下旬开至翌年4月。

► 生态习性：

喜温暖湿润气候，以半阴半阳最为适宜。夏日强光可能会灼伤其叶和芽，导致叶卷脱落。适生于肥沃疏松、排水良好的酸性砂质壤土，碱性土和黏土不适宜种植。

► 园林用途：

树形优美、花叶茂盛的茶梅品种，可于庭院和草坪中孤植或对植，较低矮的茶梅可与其他灌木配植于花坛、花境中，或作配景材料。

► 易发病虫害：

常见病害有灰斑病、煤污病和炭疽病等，常见虫害有蚧壳虫、红蜘蛛等。

山茶

学　　名：***Camellia japonica***
别　　名：曼陀罗树、山椿、山茶花
科　　属：山茶科山茶属

► 识别要点：

灌木或小乔木，株高9米。叶革质，椭圆形。花顶生，红色，无柄，苞片及萼片约10片。蒴果圆球形，每室有种子1～2个，3片裂开，果片厚木质。培育品种的茶花花期较长，一般从10月开始开花，开至翌年5月，盛花期1—3月。干美枝青叶秀，花色艳丽多彩，花型秀美多样，花姿优雅多态，气味芬芳袭人，品种繁多，花大多数为红色或淡红色，亦有白色，多为重瓣。

► 生态习性：

惧风喜阳，以地势高爽、空气流通、温暖湿润、排水良好、疏松肥沃的砂质壤土、黄土或腐殖质土壤为宜。pH值以5.5～6.5为最佳。适温在20℃～32℃。

► 园林用途：

可群植、孤植、列植，是优良的观花灌木。

► 易发病虫害：

常见病害有轮纹病、炭疽病、枯梢病、叶斑病和煤污病等，常见虫害有红蜘蛛、蚜虫、蚧壳虫、卷叶蛾和造桥虫等。

篦齿苏铁

学　　名：***Cycas pectinata***
科　　属：苏铁科苏铁属

► 识别要点：

棕榈状常绿植物，高可达 3 米。单生或丛生，多为一回羽状复叶，雌花、雄花均着生于干顶。树干圆柱形。羽状叶长 1.2～1.5 米。常 1 至 3 年开花一次，花期在 6—7 月。

► 生态习性：

耐旱忌水，要求光照良好。

► 园林用途：

可孤植或片植布置园林。

► 易发病虫害：

常见病害有茎腐病和斑点病等，常见虫害有苏铁小灰蝶和蚧壳虫等。

苏铁

学　　名：***Cycas revoluta***
别　　名：铁树、避火蕉、凤尾蕉
科　　属：苏铁科苏铁属

► 识别要点：

常绿棕榈状木本植物。茎部宿存的叶基和叶痕，呈鳞片状。叶从茎顶部长出，羽状复叶，大型，厚革质，坚硬，有光泽，先端锐尖，叶背密生锈色绒毛，基部小叶呈刺状，雌雄异株，6—8 月开花。

► 生态习性：

喜温暖，忌严寒，生长适温为20℃～30℃，越冬温度不宜低于5℃。

► 园林用途：

树形古雅，主干粗壮，坚硬如铁，羽叶洁滑光亮，四季常青，为珍贵观赏树种，南方多植于庭前阶旁及草坪内。

► 易发病虫害：

常见病害有叶斑病等，常见虫害有蚧壳虫等。

悬铃花

学　　名：***Malvaiscus arboreus* var. *penduliflorus***

别　　名：垂花悬铃花、卷瓣朱槿、大红袍

科　　属：锦葵科悬铃花属

► 识别要点：

常绿小灌木，株高 30 ～ 60 厘米。叶互生，卵形至近圆形，单叶，有时浅裂，叶形变化较多，叶面具星状毛。花通常单生于上部叶腋内，下垂，花冠漏斗形，长 5 ～ 6 厘米，鲜红色，花瓣基部有显著耳状物。雄蕊集合成柱状，长于花瓣。花瓣仅上部略微展开。

► 生态习性：

喜高温多湿和阳光充足环境，耐热、耐旱、耐瘠、耐湿，稍耐阴，不耐寒霜，忌涝，生长快速。

► 园林用途：

花期较长，适宜热带、亚热带地区的园林绿化。在温带及亚热带北部，可温室盆栽观赏。

► 易发病虫害：

常见病害有叶斑病和白粉病等，常见虫害有蚜虫、蚧壳虫和卷叶蛾等。

变叶木

学　　名：***Codiaeum variegatum***
别　　名：洒金榕
科　　属：大戟科变叶木属

► 识别要点：

灌木或小乔木，高可达 2 米。枝条无毛，有明显叶痕。叶薄革质，形状大小变异很大。

► 生态习性：

喜高温、湿润和阳光充足的环境，不耐寒。

► 园林用途：

变叶木因其在叶形、叶色的变化上显示出色彩美、姿态美，在观叶植物中深受人们喜爱，华南地区多用于公园、绿地和庭院美化，其枝叶是插花理想的配叶材料。

► 易发病虫害：

常见病害有黑霉病、炭疽病等，常见虫害有蚧壳虫、红蜘蛛等。

红檵木

学　　名：***Loropetalum chinense* var.**
别　　名：红花檵木、红桎木
科　　属：金缕梅科檵木属

► 识别要点：

常绿灌木或小乔木。嫩枝被暗红色星状毛。叶互生，革质，卵形，全缘，嫩叶淡红色，越冬老叶暗红色。花 4 ～ 8 朵簇生于总状花梗上，呈顶生头状或短穗状花序，花瓣 4 枚，淡紫红色，带状线形。蒴果木质，倒卵圆形。种子长卵形，黑色，光亮。花期 4—5 月，果期 9—10 月。

► 生态习性：

喜光，稍耐阴，但阴时叶色容易变绿。适应性强，耐旱。喜温暖，耐寒冷。萌芽力和发枝力强，耐修剪。耐瘠薄，但适宜在肥沃、湿润的微酸性土壤中生长。

► 园林用途：

属于彩叶观赏植物，生态适应性强，耐修剪，易造型，广泛用于色篱、模纹花坛、灌木球、彩叶小乔木、桩景造型、盆景等城市绿化美化。

► 易发病虫害：

常见病害有炭疽病、立枯病和花叶病等，常见虫害有蚜虫、尺蛾、黄夜蛾和金龟子等。

琴叶珊瑚

学　　名：***Jatropha pandurifolia***
别　　名：琴叶樱、南洋樱、日日樱
科　　属：大戟科麻疯树属

► 识别要点：

常绿灌木，体有乳汁，单叶互生，倒阔披针形，常丛生于枝顶，叶面浓绿色，叶背紫绿色。聚伞花序，花冠红色，花单性，雌雄同株，各自着生于不同花序上。蒴果成熟时呈黑褐色。

► 生态习性：

喜光照充足、温暖湿润气候，适应力强。

► 园林用途：

适合庭植绿化或大型盆栽。

► 易发病虫害：

适应性强，未见病虫害。

一品红

学　　名：***Euphorbia pulcherrima***

别　　名：象牙红、老来娇、圣诞花、猩猩木

科　　属：大戟科大戟属

► 识别要点：

常绿灌木，高 50 ～ 300 厘米。茎直立，含乳汁。单叶互生，卵状椭圆形，下部叶为绿色，上部叶苞片状，红色。花序顶生。

► 生态习性：

喜阳光充足、气候温暖的环境，盆栽要求排水良好、疏松、肥沃的砂质壤土。

► 园林用途：

适于厅堂内摆放，也可布置会场，同时可用来插花。在南方可栽植于花坛绿地中，亦可植于庭前窗下。

► 易发病虫害：

常见病害有灰霉病、根腐病、茎腐病和叶斑病等，常见虫害有白粉虱、叶螨和蓟马等。

肖黄栌

学　　名：*Euphorbia cotinifolia*
别　　名：紫锦木、红叶乌桕、俏黄栌
科　　属：大戟科大戟属

► 识别要点：

常绿灌木，株高 2 ～ 3 米。小枝及叶片均为暗紫红色，单叶常 3 枚轮生，卵形至卵圆形，具长柄。花序呈伞状，顶生或腋生，黄白色。

► 生态习性：

喜光及排水良好的土壤，耐半阴，耐贫瘠。

► 园林用途：

红叶观赏植物，在园林中点缀草坪或植于水边。

► 易发病虫害：

常见病害有萎蔫病、白粉病等，常见虫害有蚜虫、蚧壳虫等。

红背桂

学　　名：***Excoecaria cochinchinensis***
别　　名：紫背桂、红紫木
科　　属：大戟科海漆属

▶ 识别要点：

常绿灌木，高达1米许。叶对生，纸质，两面均无毛，腹面绿色，背面紫红或血红色。花单性，雌雄异株，聚集成腋生，兼有顶生的总状花序。蒴果球形。花期几乎全年。

▶ 生态习性：

不耐干旱，不甚耐寒，生长适温为15℃～25℃，冬季温度不低于5℃。耐半阴，忌阳光暴晒，夏季放在荫蔽处，可保持叶色浓绿。要求肥沃、排水良好的砂质壤土。

▶ 园林用途：

枝叶飘飒，清新秀丽。用于庭院、公园、居住小区绿化，茂密的株丛，鲜艳的叶色，与建筑物或树丛构成自然、闲趣的景观。

▶ 易发病虫害：

常见病害有炭疽病、叶枯病和根结线虫病等。

灰莉

学　　名：***Fagraea ceilanica***
别　　名：非洲茉莉、华灰莉
科　　属：马钱科灰莉属

► 识别要点：

常绿灌木或乔木，高达 15 米。有时附生于其他树上呈攀缘状灌木，树皮灰色。小枝粗厚，圆柱形，老枝上有凸起的叶痕和托叶痕，全株无毛。叶片稍肉质，干后变纸质或近革质，椭圆形、卵形、倒卵形或长圆形，有时呈长圆状披针形。花单生或组成顶生二歧聚伞花序。浆果卵状或近圆球状。

► 生态习性：

性喜阳光，耐旱耐阴，耐寒力强，在南亚热带地区终年青翠碧绿，长势良好。对土壤要求不严，适应性强，粗生易栽培。

► 园林用途：

灰莉有时可呈攀缘状。枝繁叶茂，树形优美，叶片近肉质，叶色浓绿有光泽，是优良的庭院、室内观叶植物。

► 易发病虫害：

常见病害有炭疽病和白灼病等，常见虫害有榕管蓟马等。

红叶李

学　　名：***Prunus Cerasifera***
别　　名：紫叶李、樱桃李
科　　属：蔷薇科李属

识别要点：

灌木或小乔木，高可达8米，多分枝，枝条细长。叶片椭圆形，边缘有圆钝锯齿。花1朵，稀2朵，花瓣白色，长圆形或匙形，边缘波状。核果近球形或椭圆形，花期4月，果期8月。

生态习性：

喜阳光，在荫蔽环境下叶色不鲜艳。喜温暖气候，不耐寒，较耐湿。对土壤适应性强，以砂砾土壤为好，黏质土壤中亦能生长，根系较浅，萌生力较强。

园林用途：

叶常年紫红色，为著名观叶树种，孤植、群植皆宜，能衬托背景。

易发病虫害：

常见虫害有红蜘蛛、刺蛾和布袋蛾等。

花叶木薯

学　　名：***Manibot esculenta* cv. *Variegata***

别　　名：斑叶木薯

科　　属：大戟科木薯属

► 识别要点：

直立灌木，株高 1.5 米左右，长块根，根部肉质。叶掌状深裂 3～7 片，裂片披针形，全缘，裂片中央有不规则的黄色斑块。叶面绿色，叶柄红色，花序腋生，有花数朵。

► 生态习性：

喜温暖、阳光充足的环境，不耐寒，怕霜冻，耐半阴，栽培环境不宜过干或过湿。

► 园林用途：

叶片掌状深裂，绿色叶面镶嵌黄色斑块，红色叶柄，显得十分绚丽，是非常耐看的观叶植物。

► 易发病虫害：

常见病害有褐斑病、炭疽病等，常见虫害有粉虱、蚧壳虫等。

红叶石楠

学　　名：***Photinia serrulata***
别　　名：火焰红、千年红
科　　属：蔷薇科石楠属

► 识别要点：

常绿灌木或小乔木，株高1～2米，株型紧凑。春季和秋季新叶亮红色。花期4—5月。梨果红色，能延续至冬季，果期10月。

► 生态习性：

喜温暖潮湿、阳光充足的环境。耐寒性强，能耐最低温度-18℃。喜强光照，也有很强的耐阴能力。适宜各类中肥土质。耐土壤瘠薄，有一定的耐盐碱性和耐干旱能力。

► 园林用途：

园林绿化色块植物，修剪成造型球。

► 易发病虫害：

常见病害有猝倒病、立枯病、叶斑病、炭疽病、灰霉病和叶斑病等，常见虫害有蚧壳虫等。

美蕊花

学　　名：***Calliandra haematocephala***
别　　名：朱缨花、红绒球
科　　属：豆科朱缨花属

▶ 识别要点：

落叶灌木或小乔木。小枝灰白色，密被褐色小皮孔，无毛。叶柄及羽片轴被柔毛。头状花序，花丝淡红色，下端白色。花期8—12月。

▶ 生态习性：

喜多肥土壤，耐热、耐旱、不耐阴，耐修剪、易移植。冬季休眠期会落叶或半落叶。

▶ 园林用途：

适于大型盆栽或深大花槽栽植、修剪整形。可在庭院、校园、公园单植、列植、群植或添景美化，开花能诱蝶。

▶ 易发病虫害：

常见病害有溃疡病等，常见虫害有天牛、木虱等。

翅荚决明

学　　名：***Cassia alata***
别　　名：刺荚黄槐、翅荚槐
科　　属：豆科决明属

► 识别要点：

直立灌木。叶长有狭翅，小叶 6 ～ 12 对，薄革质。花序顶生和腋生，花瓣黄色。荚果长带状，每果瓣的中央顶部有直贯至基部的翅。花期 11 月至翌年 1 月，果期 12 月至翌年 2 月。

► 生态习性：

原产美洲热带地区，耐干旱，耐贫瘠，适应性强，喜光，耐半阴，喜高温湿润气候，不耐寒，不耐强风，宜栽植于通风良好之地。

► 园林用途：

园林绿化可丛植、片植于庭院、林缘、路旁、湖缘等地。

► 易发病虫害：

无严重病虫害。

双荚决明

学　　名：***Cassia bicapsularis***
别　　名：双荚槐、金叶黄槐
科　　属：豆科决明属

► 识别要点：

直立灌木，多分枝，无毛。有小叶 3～4 对，小叶倒卵形或倒卵状长圆形，膜质。总状花序生于枝条顶端的叶腋内，花鲜黄色。荚果圆柱状。花期 10—11 月，果期 11 月至翌年 3 月。

► 生态习性：

喜光，根系发达，萌芽能力强，适应性较广，耐寒，耐干旱，耐瘠薄土壤，有较强的抗风、抗虫害和防尘、防烟雾能力。

► 园林用途：

是我国南方城乡常见的行道和庭院优良绿化树种。

► 易发病虫害：

常见病害有炭疽病和叶斑病等，常见虫害有蚧壳虫和蚜虫等。

檵木

学　　名：***Loropetalum chinense***
别　　名：白花檵木
科　　属：金缕梅科檵木属

► 识别要点：

常绿灌木或小乔木，高 4 ～ 9 米。嫩叶及花萼均有锈色星状短柔毛。叶卵形或椭圆形，长 2 ～ 5 厘米，基部歪圆形，先端锐尖，全缘，背面密生星状柔毛。花瓣带状线形，白色，长 1 ～ 2 厘米，苞片线形，花 3 ～ 8 朵簇生于小枝端。蒴果褐色，近卵形，长约 1 厘米，有星状毛。花期 5 月，果期 8 月。

► 生态习性：

多生于山野及丘陵灌丛中。耐半阴，喜温暖气候及酸性土壤，适应性较强。

► 园林用途：

花繁密而显著，初夏开花如覆雪，颇为美丽。丛植于草地、林缘或与石山相配合都很合适，亦可用作风景林之下木。

► 易发病虫害：

无严重病虫害。

雀舌黄杨

学　　名：***Buxus bodinieri***
别　　名：匙叶黄杨
科　　属：黄杨科黄杨属

► 识别要点：

灌木，株高3～4米。枝圆柱形，小枝四棱形，叶薄革质，通常匙形，先端圆或钝，往往有浅凹口或小尖凸头。花序腋生，头状，花密集。蒴果卵形。花期2月，果期5—8月。

► 生态习性：

喜温暖湿润、阳光充足环境，耐干旱，耐半阴，要求疏松、肥沃和排水良好的砂质壤土。弱阳性，耐修剪，较耐寒，抗污染。

► 园林用途：

适宜在公园绿地、庭前入口两侧群植、列植，或作为花境之背景，或与山石搭配，尤其适合修剪造型，也是厂矿绿化的重要树种。

► 易发病虫害：

常见病害有炭疽病和叶斑病等，常见虫害有卷叶蛾等。

黄金榕

学　　名：***Ficus microcarpa* cv. Golden Leaves**
别　　名：黄心榕、黄叶榕、金叶榕
科　　属：桑科榕属

▶ 识别要点：

本种是榕树的一个栽培变种，为常绿灌木或乔木，有气生根。叶互生，革质带肉质，椭圆形，叶色金黄，全缘，基出脉 3 条，叶柄长。

▶ 生态习性：

喜温暖湿润、阳光充足的环境，不耐寒、耐半阴，以肥沃、疏松和排水良好的酸性砂质壤土为宜，在碱性土壤中叶片易黄化。

▶ 园林用途：

树形美观，气生根自然飘逸，叶色金黄诱人，适于盆栽观赏或用于庭院布置，也可修剪成绿篱或其他造型，更富热带韵味。

▶ 易发病虫害：

常见虫害有灰白蚕蛾、榕管蓟马等。

扶芳藤

学　　名：***Euonymus fortunei***
别　　名：换骨筋、小藤仲、爬行卫矛
科　　属：卫矛科卫矛属

识别要点：

常绿或半常绿灌木，呈匍匐或攀缘状，高约 1.5 米。枝上通常生长细根并具小瘤状突起。叶对生，广椭圆形或椭圆状卵形。聚伞花序腋生，萼片 4 片，花瓣 4 枚，花瓣绿白色，近圆形，蒴果球形。种子外被橘红色假种皮。花期 6—7 月，果期 9—10 月。

生态习性：

喜湿润，喜温暖，较耐寒，耐阴，不喜阳光直射。

园林用途：

扶芳藤在城市绿化中已广泛应用，它抗性强，寿命长，繁殖容易，播种或扦插均可。速铺扶芳藤在园林绿化美化中有广阔的应用前景。

易发病虫害：

常见病害有炭疽病、茎枯病等，常见虫害有蚜虫、夜蛾等。

胡椒木

学　　名：***Zanthoxylum beecheyanum* ‘*Odorum*’**

别　　名：台湾胡椒木

科　　属：芸香科花椒属

► 识别要点：

常绿灌木，叶色深绿，光泽明亮，具香气。开花金黄色。奇数羽状复叶，叶基有短刺 2 枚，叶轴有狭翼。小叶对生，倒卵形。

► 生态习性：

生长慢。耐热、耐寒、耐旱、耐风，耐修剪、易移植。不耐水涝。栽培土质以肥沃的砂质壤土为佳，排水、光照须良好。

► 园林用途：

全株具浓烈胡椒香味，枝叶青翠，适合庭植美化，或作绿篱或盆栽。

► 易发病虫害：

常见病害有炭疽病等，常见虫害有蚜虫等。

九里香

学　　名：***Murraya exotica***
别　　名：石辣椒、九秋香、九树香
科　　属：芸香科九里香属

► 识别要点：

常绿灌木，高可达 8 米。叶有小叶，小叶倒卵形或倒卵状椭圆形，两侧常不对称，花序通常顶生，果橙黄至朱红色。花期 4—8 月，也有秋后开花的，果期 9—12 月。

► 生态习性：

常见于离海岸不远的平地、缓坡、小丘的灌木丛中。喜生于砂质壤土，向阳地方。

► 园林用途：

多用作围篱材料，或作花圃及宾馆的点缀品，亦可作盆景材料。

► 易发病虫害：

常见病害有白粉病、铁锈病等，常见虫害有红蜘蛛、天牛、蚧壳虫、金龟子、卷叶蛾和蚜虫等。

米仔兰

学　　名：***Aglaia odorata***
别　　名：米兰、树兰、鱼仔兰、碎米兰、珠兰
科　　属：楝科米仔兰属

识别要点：

常绿灌木或小乔木。奇数羽状复叶，小叶 3 ～ 5 枚，革质，有光泽。圆锥花序着生于新梢的叶腋内，花小、黄色、芳香。

生态习性：

喜温暖湿润和阳光充足环境，不耐寒，稍耐阴，土壤以疏松、肥沃的微酸性土壤为最好，冬季温度不低于 10℃。米仔兰喜湿润，但生长期间浇水要适量。

园林用途：

主要用作盆栽，既可观叶又可赏花。花醇香诱人，为优良的芳香植物，开花季节浓香四溢，可用于布置会场、门厅、庭院及家庭。

易发病虫害：

常见病害有茎腐病、炭疽病等，常见虫害有白娥蜡蝉、蚜虫、红蜘蛛和蚧壳虫等。

八角金盘

学　　名：***Fatsia japonica***
别　　名：手树、八手、八金盘
科　　属：五加科八角金盘属

▶ 识别要点：

常绿灌木或小乔木。茎光滑无刺。叶柄长，叶片大，革质，近圆形，掌状深裂为7～9片。圆锥花序顶生，花瓣黄白色。果实近球形，熟时黑色。花期10—11月，果熟期在翌年4月。

▶ 生态习性：

喜湿暖湿润气候，耐阴，不耐干旱，有一定耐寒力。宜种植在排水良好和湿润的砂质壤土中。

▶ 园林用途：

适宜配植于庭院、门旁、窗边、墙隅及建筑物背阴处，也可点缀在溪流滴水旁边，还可成片群植于草坪边缘及林地，亦可作小盆栽供室内观赏。

▶ 易发病虫害：

常见病害有煤污病、叶斑病和黄化病等，常见虫害有蚜虫、蚧壳虫和红蜘蛛等。

鹅掌柴

学　　名：***Schefflera octophylla***
别　　名：鸭脚木、鹅掌木、小叶伞树
科　　属：五加科鹅掌柴属

► 识别要点：

常绿灌木。小枝幼时密被星状绒毛。掌状复叶互生，小叶 6 ～ 11 枚，椭圆形或倒卵状椭圆形，全缘。圆锥花序顶生，被星状短柔毛，花白色，芳香。浆果球形。花期 11—12 月。果期 12 月。

► 生态习性：

喜疏松、肥沃、透气、排水良好的砂质壤土。

► 园林用途：

四季常青，叶面光亮，宜盆栽，也可在庭院孤植。

► 易发病虫害：

常见病害有叶斑病、炭疽病等，常见虫害有蚧壳虫、红蜘蛛、榕管蓟马和潜叶蛾等。

毛杜鹃

学　　名：***Rhododendron pulchrum***
别　　名：锦绣杜鹃
科　　属：杜鹃花科杜鹃花属

► 识别要点：

半常绿灌木，高 1.5 ～ 2 米。幼枝被平贴的褐色糙伏毛。叶薄革质。花 1 ～ 3 朵顶生于枝端，花冠宽漏斗状，蔷薇紫色，有深紫色斑点。

► 生态习性：

喜温暖湿润气候，耐阴，忌阳光暴晒。

► 园林用途：

观花植物，可孤植、片植或丛植于园林。

► 易发病虫害：

常见病害有褐斑病等，常见虫害有红蜘蛛、蚜虫等。

西洋杜鹃

学　　名：***Rhododendron hybridum***
别　　名：比利时杜鹃
科　　属：杜鹃花科杜鹃花属

► 识别要点：

常绿灌木，矮小。枝、叶表面疏生柔毛。分枝多，叶互生，叶片卵圆形，全缘。长椭圆形，深绿色。总状花序，花顶生，花冠阔漏斗状，花有半重瓣和重瓣。

► 生态习性：

喜温暖湿润、空气凉爽、通风和半阴环境。夏季忌阳光直射，应遮阳，常喷水，保持空气湿度。土壤以疏松、肥沃和排水良好的酸性砂质壤土为好。盆栽土壤用腐叶土、培养土和粗砂的混合土，pH 值以 5 ～ 5.5 为宜。

► 园林用途：

西洋杜鹃在中国多为盆栽，由于它植株低矮，枝杆紧密，叶片细小，又四季常绿，通过修剪扎型，还可制作各种风格的树桩盆景，显得古朴雅致，更具风情。

► 易发病虫害：

常见病害有褐斑病、立枯病、红叶病、小叶病等，常见虫害有红蜘蛛、军配虫等。

山指甲

学　　名：*Ligustrum sinense*
别　　名：山紫甲树、小蜡树、水黄杨、小叶女贞
科　　属：木犀科女贞属

► 识别要点：

半常绿灌木或小乔木，高达6米。枝、叶中脉下面、花序轴上密被短柔毛。单叶，对生，纸质，椭圆形，长约5厘米，宽约2厘米，全缘。圆锥花序疏松，顶生，长6～10厘米，有短柔毛，花白色。核果球形，直径5毫米，熟时呈紫黑色。花期3—5月。果期10月。

► 生态习性：

对土壤湿度较敏感，在干燥瘠薄地生长发育不良。多生于村边、山坡、草丛中。

► 园林用途：

耐修剪，生长慢。对有害气体抗性强，可用作厂矿绿化，可作绿篱、绿墙和遮挡绿屏，也可修剪成长、短、方、圆各种几何图形。

► 易发病虫害：

常见病害有白粉病等，常见虫害有天蛾等。

尖叶木犀榄

学　　名：***Olea cuspidata***
别　　名：野生油橄榄
科　　属：木犀科木犀榄属

识别要点：

常绿灌木或小乔木，株高 3 ～ 10 米。小枝近四棱形。单叶对生，革质，狭披针形至长圆状椭圆形，圆锥花序腋生，果宽椭圆形或近球形，成熟时呈暗褐色。花期 4—8 月，果期 8—11 月。

生态习性：

性喜夏季炎热、有充分光照的环境和冬季温暖湿润的环境，需要足够的低温和水分满足花芽分化的要求，耐旱能力较弱。对土壤要求不很严格，在砂土、壤土和黏土上都能生长。

园林用途：

枝密叶浓，叶面光亮，树形美观，且生长快，萌芽力强，耐修剪，适应性强，可修剪成千姿百态的观赏树形。有较强抗热性和耐寒性。

易发病虫害：

少见病虫害。

茉莉花

学　　名：***Jasminum sambac***
别　　名：茉莉、香魂、莫利花、没丽、没利、抹厉、末莉、末利、木梨花
科　　属：木犀科素馨属

识别要点：

常绿小灌木或藤本状灌木，高可达 1 米。枝条细长，小枝有棱角，有时有毛，略呈藤本状。单叶对生，光亮，宽卵形或椭圆形，花冠白色，极芳香。大多数品种的花期 6—10 月，由初夏至晚秋开花不绝，落叶型的冬天开花，花期从 11 月至翌年 3 月。

生态习性：

性喜温暖湿润，在通风良好、半阴的环境生长最好。土壤以含有大量腐殖质的微酸性砂质壤土最为适合。

园林用途：

常绿小灌木类的茉莉花叶色翠绿，花色洁白，香味浓厚，为常见庭院及盆栽观赏芳香花卉。多用盆栽，点缀室容，清雅宜人，还可加工成花环等装饰品。

易发病虫害：

常见病害有白绢病、叶斑病、炭疽病和煤污病等，常见虫害有红蜘蛛等。

狗牙花

学　　名：***Ervatamia divaricata***
别　　名：白狗花、狮子花、豆腐花
科　　属：夹竹桃科狗牙花属

► 识别要点：

常绿灌木。除花萼被柔毛外，其余均无毛。叶对生，坚纸质，椭圆形或长椭圆形。聚伞花序腋生，通常双生，有花6～10朵，花萼5裂，花冠白色，重瓣。蓇葖果叉开或弯曲，种子长圆形，无种毛。花期6—11月，果期秋季。

► 生态习性：

性喜温暖湿润环境，不耐寒，耐半阴，喜肥沃、排水良好的酸性土壤。

► 园林用途：

枝叶密生，株形整齐，是庭院绿化的树种。

► 易发病虫害：

常见病害有叶枯病等，常见虫害有榕管蓟马、蚜虫等。

黄蝉

学　　名：***Allemanda neriifolia***
别　　名：黄兰蝉
科　　属：夹竹桃科黄蝉属

► 识别要点：

直立灌木，高达2米，具乳汁。叶3～5枚轮生，椭圆形或倒卵状长圆形，叶背中脉和侧脉被短柔毛，叶脉在下面隆起。聚伞花序顶生，花冠黄色，漏斗状，花冠筒基部膨大，喉部被毛，花冠裂片5枚，顶端钝，雄蕊5枚，花药与柱头分离。蒴果球形，具长刺。

► 生态习性：

阳性植物，光照不足则开花不多。喜温暖湿润气候，不耐寒。在土层深厚肥沃、质地疏松的酸性土壤中生长良好，从夏至秋，陆续开花不绝，萌芽力强，耐修剪。

► 园林用途：

丛植于公园、庭院、道路两旁的花坛、花带或草地，使游人感到轻松、愉快而富有朝气。

► 易发病虫害：

常见病害有炭疽病、煤污病等，常见虫害有红蜡蚧等。

大花栀子

学　　名：***Gardenia jasminoides Ellis var. grandiflora Nakai***

别　　名：木丹、鲜支、卮子、越桃、水横枝、支子花

科　　属：茜草科栀子属

► 识别要点：

常绿灌木。枝绿色，幼枝具垢状毛。叶对生或 3 叶轮生，长圆状披针形或卵状披针形。花大，单生于枝端或叶腋内，白色，极香，萼裂片 6 枚，线状，花冠裂片广倒披针形，雄蕊 6 枚。果实倒卵形或长椭圆形，黄色，果皮厚，花萼宿存。花期 5—7 月。

► 生态习性：

喜温暖湿润、光照充足且通风良好的环境，忌强光暴晒。

► 园林用途：

可栽培供观赏，亦可提取香料或窨茶叶。

► 易发病虫害：

无严重病虫害。

希茉莉

学　　名：***Hamelia patens***
别　　名：醉娇花、长葛木
科　　属：茜草科希茉莉属

▶ 识别要点：

多年生常绿灌木，株高 2～3 米。分枝能力强，树冠广圆形，茎粗壮，红色至黑褐色。叶 4 枚轮生，长披针形，纸质，腹面深绿色，背面灰绿色，叶面较粗糙，全缘，幼枝、幼叶及花梗被短柔毛，淡紫红色。聚伞圆锥花序，橘红色。花期几乎全年，或花期 5—10 月。全株具白色乳汁。

▶ 生态习性：

性喜高温、湿润、阳光充足的气候条件，喜土层深厚、肥沃的酸性土壤，耐阴，耐干旱，忌瘠薄，畏寒冷，生长适温为 18℃～ 30℃。

▶ 园林用途：

希茉莉为极佳的园林配植树种。

▶ 易发病虫害：

常见虫害有蚜虫、吹绵蚧和食叶蛾等。

栀子

学　　名：***Gardenia jasminoides***
别　　名：玉荷花、黄栀子、白蟾
科　　属：茜草科栀子属

► 识别要点：

常绿灌木。嫩枝常被短毛，枝圆柱形，灰色。叶对生，革质，稀为纸质，长圆状披针形，花芳香，单朵生于枝顶。果呈黄色或橙红色。花期3—7月，果期5月至翌年2月。

► 生态习性：

喜温暖湿润环境，不甚耐寒。喜光，耐半阴，但怕暴晒。喜肥沃、排水良好的酸性土壤，在碱性土壤中栽植时易黄化。萌芽力、萌蘖力均强，耐修剪。

► 园林用途：

可用于庭院、池畔、阶前、路旁丛植或孤植，也可在绿地组成色块，还可作花篱栽培。

► 易发病虫害：

常见病害有褐斑病、炭疽病、煤污病、根腐病和黄化病等，常见虫害有蚧壳虫等。

鸳鸯茉莉

学　　名：***Brunfelsia latifolia***
别　　名：番茉莉、二色茉莉
科　　属：茄科鸳鸯茉莉属

► 识别要点：

常绿灌木，株高1米左右，单叶互生，矩圆形或椭圆状矩形，全缘，叶色浅绿。花单生或数朵聚生，高脚碟形花冠，花色为蓝、紫色，渐淡至白色，花期4—10月，具芳香味。

► 生态习性：

喜温暖湿润气候，不耐寒，不耐强光，喜肥，不耐涝，要求土壤为排水良好的微酸性土壤。

► 园林用途：

多用作盆栽观赏。

► 易发病虫害：

常见病害有叶斑病、白粉病等，常见虫害有粉虱、叶蝉、蚧壳虫和红蜘蛛等。

金苞花

学　　名：***Pachystachys lutea***
别　　名：黄虾花、珊瑚爵床
科　　属：爵床科单药花属

► 识别要点：

多年生常绿亚灌木，株高 30 ～ 50 厘米。多分枝，叶对生，椭圆形，亮绿色，有明显的叶脉。穗状花序生于枝顶，像一座金黄色的宝塔，苞片金黄色，花冠唇形，花期从春季至秋季。

► 生态习性：

喜阳光充足，光照越充足，植株生长得越茁壮，株形越紧密，喜在高温湿润的环境中栽培，越冬的最低温度不可低于 10℃，否则停止生长，叶片脱落。土壤要求疏松、透气，忌用黏重土壤，较耐肥。

► 园林用途：

花序大而密集，花色鲜艳美丽，深受人们喜爱，虽然引入我国的历史不长，但发展很快。目前国内许多城市均有栽培，宜室内栽培观赏，也可夏季栽植于花坛中。

► 易发病虫害：

常见虫害有粉虱、红蜘蛛和蚜虫等。

金脉爵床

学　　名：***Sanchezia speciosa***
别　　名：黄脉爵床、金叶木
科　　属：爵床科黄脉爵床属

► 识别要点：

多年生常绿观叶植物，为直立灌木状。叶片嫩绿色，叶脉橙黄色，夏、秋季开出黄色的花，花为管状，簇生于短花茎上，整个花簇为一对红色的苞片包围。

► 生态习性：

喜高温多湿和半阴环境，忌阳光直射，要求疏松肥沃、水湿环境良好的土壤，不耐寒。

► 园林用途：

适合于庭院、花坛处布置，也适合家庭、宾馆和橱窗摆设，属阴地植物。

► 易发病虫害：

常见虫害有蚧壳虫、红蜘蛛等。

虾衣花

学　　名：***Justicia brandegeana***
别　　名：虾夷花、狐尾木、麒麟叶珠
科　　属：爵床科麒麟吐珠属

► 识别要点：

常绿亚灌木，高 1～2 米，茎柔软，节膨大，茎基木质化，丛生而直立，嫩茎节基红紫色。叶对生，卵形或长椭圆形，先端尖，全缘。穗状花序顶生，端部常侧垂，苞片多且重叠，呈砖红至褐红色，形色似虾衣，宿存，花冠细长，伸出苞片外，白色，唇形，下唇喉部有 3 条紫色斑纹，盛花期 4—5 月。

► 生态习性：

喜温暖湿润和通风环境，不耐寒，喜阳光，也较耐阴，对土壤适应性广，以富含腐殖质的砂质壤土为佳。

► 园林用途：

可作盆栽观赏，也可作花坛布置或制作盆景。

► 易发病虫害：

常见虫害有蚧壳虫、红蜘蛛等。

赪桐

学　　名：*Clerodendrum japonicum*
别　　名：臭牡丹、香盏花、百日红、红苞花、状元红
科　　属：马鞭草科大青属

▶ 识别要点：

落叶灌木，叶对生，广卵形，花蔷薇红色，有芳香，为顶生密集的头状聚伞花序，果为一核果，外围有宿存的花萼。花期 5 —11 月。果期 12 月至翌年 1 月。

▶ 生态习性：

性喜高温湿润、半阴的气候环境，喜土层深厚的酸性土壤，耐荫蔽，耐瘠薄，忌干旱，忌涝，畏寒冷，生长适温为 23℃～ 30℃。

▶ 园林用途：

作为一种具有较高观赏价值的盆栽花卉，主要用于会场、客厅布景。

▶ 易发病虫害：

常见病害有煤污病、白粉病等，常见虫害有蚜虫、吹绵蚧和黑毛虫等。

假连翘

学　　名：***Duranta repens***
别　　名：金露花、洋刺、花墙刺
科　　属：马鞭草科假连翘属

► 识别要点：

常绿灌木，高可达3～5米。分枝多有4棱，小枝柔软而下垂，幼嫩的部分有毛。单叶对生或丛生，长倒卵形，全缘或锯齿，叶端尖叶腋具锐刺一枚。花顶生或腋生，总状圆锥花序，萼呈筒状，先端5裂有毛，花淡紫色或白色。核果球形，约0.5厘米，熟果鲜黄，有宿存花萼，聚生成串。

► 生态习性：

喜温暖湿润气候，抗寒力较低，遇5℃～6℃长期低温或短期霜冻，植株受寒害。喜光，亦耐半阴。对土壤的适应性较强。较喜肥，贫瘠地生长不良。耐水湿，不耐干旱。

► 园林用途：

可作花篱、花丛、花境、花坛栽植于宅旁、亭阶、墙隅、篱下或路边、溪边、池畔，在绿化、美化、香化城市方面应用广泛，是观光农业和现代园林难得的优良树种。

► 易发病虫害：

常见虫害有钻心虫、蜗牛等。

草本类

蔓花生

学　　名：***Arachis duranensis***
别　　名：遍地黄金
科　　属：豆科落花生属

识别要点：

多年生宿根草本植物。匍匐生长，有明显主根，长达 30 厘米，须根多，均有根瘤，复叶互生，小叶两对，晚上 7 时后会闭合，倒卵形，全缘，株高 10 ～ 15 厘米。花腋生，蝶形，金黄色，花色鲜艳，花量多。荚果长桃形。

生态习性：

有较强的耐阴性，对土壤要求不严，但以砂质壤土为佳。生长适温为 18℃～ 32℃。蔓花生有一定的耐旱及耐热性，对有害气体的抗性较强。

园林用途：

蔓花生对有害气体的抗性较强，可用于园林绿地、公路的隔离带作地被植物。由于蔓花生的根系发达，也可植于公路、边坡等地防止水土流失。也可用于改土绿肥、牧草公园绿化、水土保持覆盖等。

易发病虫害：

少见病虫害。

凤尾鸡冠花

学　　名：***Celosia cristata* var. *Pyramidalis***
别　　名：红鸡冠、洗手花
科　　属：苋科青葙属

► 识别要点：

一年生草本植物，株高 80 ～ 120 厘米。穗状花序聚集生成三角形顶生，具红、黄、紫红等色。自然花期 7 月至见冻。

► 生态习性：

性喜阳光，耐贫瘠，怕积水，不耐寒，在高温干燥的气候条件下生长良好。

► 园林用途：

花穗丰满，形似火炬，是夏、秋两季的应时花材。

► 易发病虫害：

常见病害有立枯病等，常见虫害有蚜虫等。

鸢尾花

学　　名：***Iris tectorum***
别　　名：蓝蝴蝶、扁竹花
科　　属：鸢尾科鸢尾属

► 识别要点：

多年生草本植物。根状茎粗壮，直径约1厘米，斜伸，叶长15～50厘米，宽1.5～3.5厘米，花蓝紫色，直径约10厘米，蒴果长椭圆形或倒卵形，长4.5～6厘米，直径2～2.5厘米。

► 生态习性：

喜阳光充足和凉爽的气候，耐寒力强，亦耐半阴环境。适宜湿润、排水良好、富含腐殖质，略带碱性的黏性土壤。

► 园林用途：

既是庭院栽植的重要花卉之一，也是优美的盆花、切花和花坛用花。

► 易发病虫害：

常见病害有种球腐烂病、灰霉病等，常见虫害有蚀叶蛾等。

鸡冠花

学　　名：***Celosia cristata***
别　　名：红鸡冠、小头鸡冠
科　　属：苋科青葙属

► 识别要点：

一年生草本植物，株高 30 ～ 90 厘米。茎直立，少分枝，单叶互生，卵形或线状披针形，全缘，绿色或红色，叶脉明显，叶面皱折。穗状花序单生于茎顶。花托似鸡冠，红色或黄色，还有红、黄相间色。花小，小苞片，萼片红色或黄色。花期 7—9 月，胞果卵形，种子细小，亮黑色。

► 生态习性：

喜光、喜炎热干燥的气候，不耐寒，不耐涝，能自播，耐瘠薄，生长性强。

► 园林用途：

花序形状奇特，色彩丰富，植株又耐旱，用于布置秋季花坛、花境，也可作盆栽或切花。

► 易发病虫害：

常见病害有叶斑病、立枯病等，常见虫害有蚜虫、红蜘蛛和斜纹夜蛾等。

石竹

学　　名：***Dianthus chinensis***
别　　名：洛阳花、中国石竹、中国沼竹
科　　属：石竹科石竹属

► 识别要点：

多年生草本植物，株高 30 ～ 50 厘米。全株无毛，带粉绿色。茎由根颈生出，疏丛生，直立，上部分枝。叶片线状披针形，长 3 ～ 5 厘米，宽 2 ～ 4 毫米，顶端渐尖，基部稍狭，全缘或有细小齿，中脉较显。

► 生态习性：

喜阳光充足、干燥通风及凉爽湿润气候。要求肥沃疏松、排水良好且含石灰质的壤土或砂质壤土，忌水涝，好肥。

► 园林用途：

可用于花坛、花境、花台或盆栽，也可用于岩石园和草坪边缘点缀。大面积成片栽植时可作景观地被材料。

► 易发病虫害：

常见病害有苗期猝倒病、生长期茎腐病等，常见虫害有青虫、蚜虫等。

一串红

学　　名：***Salvia splendens***
别　　名：爆仗红（炮仗红）、象牙红
科　　属：唇形科鼠尾草属

► 识别要点：

多年生草本植物，常作一、二年生栽培，株高 30 ～ 80 厘米，方茎直立，光滑。叶对生，卵形，边缘有锯齿。轮伞状总状花序着生于枝顶，唇形共冠，花冠、花萼同色，花萼宿存。变种有白色、粉色、紫色等，花期 7 月至霜降。果实为小坚果，果期 10—11 月。

► 生态习性：

喜温暖湿润、阳光充足的环境，适应性较强，不耐寒，对土壤要求一般，较肥沃即可。

► 园林用途：

常用作花坛、花境的主体材料，在北方地区常作盆栽观赏。

► 易发病虫害：

常见病害有叶斑病、霜霉病和花叶病等，常见虫害有红蜘蛛、蚜虫等。

醉蝶花

学　　名：*Cleome spinosa*
别　　名：西洋白花菜、凤蝶草、紫龙须
科　　属：山柑科白花菜属

► 识别要点：

一年生草本植物，株高 60～150 厘米，枝叶具气味。掌状复叶互生。总状花序顶生，边开花边伸长，花多数，花瓣 4 枚，淡紫色，具长爪，雄蕊 6 枚，花丝长约 7 厘米，超过花瓣一倍多，蓝紫色，明显伸出花外，雌蕊更长。

► 生态习性：

适应性强。性喜高温，较耐暑热，忌寒冷。喜阳光充足的环境，半阴地亦能生长良好。

► 园林用途：

可在夏、秋季节布置花坛、花境，也可进行矮化栽培，将其作为盆栽观赏。在园林应用中，可根据其耐半阴的特性，种在林下或建筑阴面观赏。

► 易发病虫害：

常见病害有叶斑病和锈病等，常见虫害有鳞翅目等。

三色堇

学　　名：***Viola tricolor***
别　　名：蝴蝶花、猫儿脸、鬼脸花
科　　属：堇菜科堇菜属

识别要点：

一、二年生草本植物。茎有分枝。叶卵状长椭圆形。春夏开花，花不整齐，花瓣近圆形，通常每朵花有蓝、白、黄三色，故名。现代园林栽培色彩变化多，有白、黄、橙、红、蓝、紫等色，颇为美丽。果实为蒴果，种子卵圆形。

生态习性：

较耐寒，喜凉爽，喜肥沃、排水良好、富含有机质的中性壤土或黏壤土。

园林用途：

多年生花卉，常作二年生栽培，用于布置花坛。

易发病虫害：

常见病害有炭疽病和灰霉病等，常见虫害有蚜虫和红蜘蛛等。

四季秋海棠

学　　名：***Begonia semperflorens***
别　　名：蚬肉秋海棠、玻璃翠
科　　属：秋海棠科秋海棠属

► 识别要点：

多年生草本植物，株高15～30厘米。根纤维状，茎直立，肉质，无毛，基部多分枝，多叶。叶卵形或宽卵形，长5～8厘米，基部略偏斜，边缘有锯齿和睫毛，两面光亮，绿色，但主脉通常微红。花淡红或带白色，数朵聚生于腋生的总花梗上。

► 生态习性：

性喜阳光，稍耐阴，怕寒冷，喜温暖、稍阴湿的环境和湿润的土壤，但怕热及水涝，夏天注意遮荫，须通风排水良好。

► 园林用途：

因其开花时美丽娇嫩，适于庭院、回廊、案几、阳台、会议室台桌、餐厅等处摆设点缀。

► 易发病虫害：

常见病害有茎腐病、细菌性叶斑病、立枯病和白粉病等，常见虫害有蚜虫、蚧壳虫和红蜘蛛等。

肾蕨

学　　名：***Nephrolepis auriculata***
别　　名：圆羊齿、蜈蚣草、篦子草、石黄皮、天鹅抱蛋、石蛋果
科　　属：肾蕨科肾蕨属

► 识别要点：

低等蕨类植物，叶簇旺，披针形，叶长30～70厘米，小叶无柄，于节处生叶轴。四季常青，叶形秀丽挺拔，叶色翠绿光滑。

► 生态习性：

喜温暖潮湿和半阴环境，冬季温度不低于10℃。

► 园林用途：

株形潇洒，叶片翠碧光润，四季常青。由于耐阴，养护方便，是为人们所喜爱的室内观叶植物，可陈设于几架、案台等处。其叶片可作切花、插瓶的陪衬材料。

► 易发病虫害：

常见病害有叶斑病等，常见虫害有红蜘蛛和蚜虫等。

波斯菊

学　　名：***Cosmos bipinnata***
别　　名：秋英、秋樱、格桑花、八瓣梅、扫帚梅
科　　属：菊科秋英属

► 识别要点：

一年生草本植物，株高1～2米。茎直立，粗糙，有纵向沟槽，幼茎光滑，多分枝。单叶对生，呈二回羽状全裂，裂片线形，较稀疏。头状花序顶生或腋生，有长总梗，总苞片二层，内层边缘膜质，缘花蛇状常一轮8枚，花为粉红或紫红等色，中心花筒状，呈黄色，花期6—10月。瘦果线形，果期9—10月。

► 生态习性：

喜光，耐贫瘠土壤，忌肥，土壤过分肥沃常引起徒长，性强健，忌炎热，对夏季高温不适应，不耐寒。

► 园林用途：

是良好的花境和花坛的背景材料，也可杂植于树坛、疏林下增加色彩，还可作切花。

► 易发病虫害：

常见病害有叶斑病、白粉病等，常见虫害有蚜虫、金龟子等。

大丽花

学　　名：***Dahlia pinnata***
别　　名：理花、天竺牡丹、东洋菊、大丽菊、西番莲、地瓜花
科　　属：菊科大丽花属

▶ 识别要点：

多年生草本植物，有巨大棒状块根。头状花序。舌状花 1 层，呈白色、红色或紫色，常卵形，顶端有不明显的 3 齿，或全缘，管状花黄色，有时栽培种全部为舌状花。瘦果长圆形。花期 6—12 月，果期 9—10 月。

▶ 生态习性：

喜半阴，阳光过强会影响开花。喜欢凉爽的气候，9 月下旬开花最大、最艳、最盛，但不耐霜，霜后茎叶立刻枯萎。生长期内对温度要求不严。不耐干旱，不耐涝。适宜栽培于疏松、排水良好的肥沃砂质壤土中。

▶ 园林用途：

因此大丽花适宜花坛、花境或庭前丛植，矮生品种可作盆栽。

▶ 易发病虫害：

常见病害有白粉病、花腐病等，常见虫害有螟蛾、红蜘蛛等。

何氏凤仙

学　　名：***Impatiens wallerana***
别　　名：玻璃翠、苏丹凤仙花
科　　属：凤仙花科凤仙花属

► 识别要点：

多年生常绿草本花卉，株高 30 ～ 70 厘米，茎半透明肉质，粗壮，多分枝，分枝茎具红色条纹。叶互生，尾尖状，锯齿明显，叶柄较长，叶片卵形或卵状披针形，花腋生或顶生，较大，花瓣 5 枚，平展，有矩。花期为 5—9 月。蒴果椭圆形。

► 生态习性：

性喜冬季温暖，夏季凉爽通风的环境，不耐寒，越冬温度为 5℃左右，喜半阴，适宜生长的温度为 13℃～ 16℃，喜排水良好的腐殖质土壤，种子寿命可达 6 年，2—3 年发芽力不减。

► 园林用途：

作室内盆栽观赏，温暖地区或温暖季节可布置于庭院或花坛。

► 易发病虫害：

常见病害有白粉病等，常见虫害有红蜘蛛等。

紫茉莉

学　　名：***Mirabilis jalapa***
别　　名：胭脂花、地雷花、粉豆花、夜饭花、状元花、夜来香
科　　属：紫茉莉科紫茉莉属

► 识别要点：

一年生草本花卉。叶对生，卵状心形。夏季开花，花萼漏斗状，有紫、红、白、黄等色，亦有杂色，无花冠，常傍晚开放，翌日早晨凋萎。果实卵形，黑色，有棱，似地雷状。

► 生态习性：

不耐寒，喜温暖湿润环境，不择土壤，在略有荫蔽处生长更佳。能自播繁衍。

► 园林用途：

可于房前、屋后、篱垣、疏林旁丛植，黄昏散发浓香。

► 易发病虫害：

常见病害有紫茉莉叶斑病等，少见虫害。

旅人蕉

学　　名：***Ravenala madagascariensis***
别　　名：旅人木、扁芭槿、扇芭蕉、水树、救命树
科　　属：旅人蕉科旅人蕉属

► 识别要点：

常绿乔木状，实为多年生热带草本植物。株高 5 ～ 6 米（最高可达 30 米）。树干直立丛生，圆柱形，像棕榈。叶长圆形，外形像蕉叶，2 行排列整齐呈 2 纵裂，互生于茎顶。花为穗状花序腋生。果为蒴果，形似香蕉。种子肾形。

► 生态习性：

喜生长于温暖湿润、阳光充足的环境，夜间温度不能低于 8℃。要求疏松、肥沃、排水良好的土壤，忌低洼积涝。

► 园林用途：

叶硕大奇异，姿态优美，极富热带风光，适宜在公园、风景区栽植观赏。叶柄内藏有许多清水，可解游人之渴。

► 易发病虫害：

常见病害有叶斑病等，常见虫害有蚧壳虫等。

长春花

学　　名：***Catharanthus roseus***
别　　名：山矾花、日日草
科　　属：夹竹桃科长春花属

► 识别要点：

多年生半灌木或草本植物，作一、二年生栽培，高 30 ～ 60 厘米。单叶对生，倒卵状矩圆形，浓绿色而具光泽，叶脉浅色。聚伞花序顶生或腋生，有花 2 ～ 3 朵，花冠深玫瑰红色，花径约 3 厘米，雄蕊处红色，花期春季到深秋。蓇葖果，果期 9—10 月。

► 生态习性：

喜光，喜温暖湿润环境，对土壤要求不严，半耐寒或不耐寒。

► 园林用途：

用于春季花坛布置，北方也常作温室花卉进行盆栽，四季可赏花。

► 易发病虫害：

常见病害有猝倒病、灰霉病等，常见虫害有红蜘蛛、蚜虫和茶蛾等。

翠云草

学　　名：***Selaginella uncinata***
别　　名：龙须、蓝草、蓝地柏、绿绒草
科　　属：卷柏科卷柏属

► 识别要点：

中型伏地蔓生蕨。主茎伏地蔓生，长约1米，分枝疏生。节处有不定根，叶卵形，二列疏生。多回分叉。营养叶二型，背腹各二列，腹叶长卵形，背叶矩圆形，全缘，向两侧平展。孢子囊穗四棱形，孢子叶卵状三角形，4列呈覆瓦状排列。

► 生态习性：

生于海拔40～1 000米的山谷林下、多腐殖质土壤或溪边阴湿杂草中，以及岩洞内、湿石上或石缝中。喜温暖湿润的半阴环境，耐潮湿、喜湿润、喜半阴、喜温暖。

► 园林用途：

翠云草株态奇特，羽叶似云纹，四季翠绿，并有蓝绿色荧光，清雅秀丽，属小型观叶植物，盆栽适合于案头、窗台等处陈设。

► 易发病虫害：

常见病害有锈病、叶斑病等，少见虫害。

马蓝

学　　名：***Strobilanthes cusia***
别　　名：大青、山青、山蓝
科　　属：爵床科板蓝属

识别要点：

多年生草本植物，高达 1 米。根茎粗壮。茎基部稍木质化，略带方形，节膨大。单叶对生，叶片卵状椭圆形，长 15 ～ 16 厘米，先端尖，基部渐狭而下延。穗状花序顶生或腋生，苞片叶状，花冠漏斗状，淡紫色，裂片 5 枚，雄蕊 4 枚，子房上半部被柔毛，花柱细长。蒴果匙形，无毛。种子卵形，褐色，有细毛。

生态习性：

马蓝适应性极广，喜温暖潮湿、阳光充足的气候环境。

园林用途：

可用作观花地被或盆栽观赏。

易发病虫害：

常见病害有根腐病等。

大叶红草

学　　名：***Alternanthera dentata* （*Moench*）*Scheyer* *Ruliginosa***

别　　名：红龙草、红苋草

科　　属：苋科虾钳菜属

► 识别要点：

多年生草本植物，株高 30 ～ 50 厘米。质感中至细。茎叶铜红色，冬季开花，花乳白色，小球形，酷似千日红。

► 生态习性：

中性植物，日照 60% ～ 100% 下均能生长。适宜温度 20℃～ 30℃。其生性强健，耐热、耐旱、耐瘠、耐修剪。

► 园林用途：

可在花台、庭院丛植、列植及种植于高楼大厦中庭以强调色彩效果。

► 易发病虫害：

常见病害有根腐病、叶斑病、线虫病等。

千日红

学　　名：***Gomphrena globosa***
别　　名：百日红、火球花等
科　　属：苋科千日红属

► 识别要点：

一年生直立草本植物，株高 20 ～ 60 厘米。全株密被灰白色柔毛。茎粗壮，有沟纹，节膨大，多分枝，单叶互生，椭圆或倒卵形，全缘，有柄，头状花序单生或 2 ～ 3 个着生于枝顶，花小，每朵小花外有 2 个腊质苞片，并具有光泽，观赏期 8—11 月。

► 生态习性：

喜光，喜炎热干燥气候和疏松肥沃土壤，不耐寒。

► 园林用途：

是布置夏秋季花坛、花境及制作花篮、花环的良好材料。

► 易发病虫害：

常见病害有叶斑病、猝倒病等，常见虫害有蚜虫等。

冷水花

学　　名：***Pilea notata***
别　　名：花叶荨麻、白雪草
科　　属：荨麻科冷水花属

► 识别要点：

多年生常绿草本植物，株高 15 ～ 40 厘米。叶对生，椭圆形，长 4 ～ 8 厘米。叶缘上部具疏钝锯齿，下部常全缘。叶面底色为绿色，有三条纵条纹主脉，叶脉部分略凹陷。主脉间杂以银白色的斑纹，条纹部分略凸。叶背绿色。

► 生态习性：

喜温暖、湿润和半阴环境，避免阳光直射，有较强的耐阴性。既耐肥也耐瘠薄，喜生于富含有机质的壤土。不耐旱，有一定的耐寒能力，可耐短期 5℃低温。

► 园林用途：

栽培供观赏，茎翠绿可爱，可作地被材料。耐阴，可作室内绿化材料。具有吸收有毒物质的能力，适宜在新装修房间内栽培。

► 易发病虫害：

常见虫害有蚜虫等。

百日草

学　　名：***Zinnia elegans***

别　　名：百日菊、步步高、对叶菊、秋罗、步登高等

科　　属：菊科百日菊属

▶ 识别要点：

一年生草本植物，株高 30 ～ 90 厘米，全株具毛。叶对生，卵形或长椭圆形，基部抱茎，茎 5 ～ 12 厘米头状花序，紫色，花期为夏、秋季。瘦果扁平。

▶ 生态习性：

不耐寒，喜阳光，怕酷暑，性强健，耐干旱，耐瘠薄。宜在肥沃土壤中生长。

▶ 园林用途：

花大色艳，开花早，花期长，株形美观，可按高矮分别用于花坛、花境花带。也常用于盆栽。

▶ 易发病虫害：

常见病害有黑斑病，常见虫害有蚜虫等。

羽衣甘蓝

学　　名：***Brassica oleracea* var. *acephala***

别　　名：叶牡丹、牡丹菜、花包菜

科　　属：十字花科芸薹属

► 识别要点：

二年生草本植物。栽培第一年植株形成莲花状叶丛，经冬季低温，于翌春抽薹、开花、结实。长叶期具短缩茎，株高30～40厘米，抽薹后高可达100～120厘米，茎生叶倒卵圆形，叶面光滑，被有蜡粉。总状花序顶生，具小花20～40朵，异花授粉。角果扁圆柱状。

► 生态习性：

性喜冷凉气候，出苗适温为18℃～20℃，苗期能耐较低湿度，旺盛生长期适温为15℃～20℃，为短日照植物，喜阳光，耐盐碱，喜肥沃土壤。

► 园林用途：

羽衣甘蓝观赏期长，叶色极为鲜艳。用于布置花坛，也可作盆栽观赏。温暖地区为冬季花坛的重要材料。

► 易发病虫害：

常见病害有立枯病等，常见虫害有蚜虫、卷叶蛾和菜青虫等。

紫罗兰

学　　名：***Matthiola incana***
别　　名：草紫罗兰、草桂香、香瓜对
科　　属：十字花科紫罗兰属

► 识别要点：

一、二年生或多年生草本植物，株高20～70厘米，全株被灰白色星状柔毛。茎直立，多分枝。叶互生，长圆形或倒披针形，总状花序顶生或腋生，花瓣4枚，有长爪，瓣铺张为十字形。花有紫红、淡红、淡黄、白色等，微香。

► 生态习性：

耐寒性不强，为半耐寒性，冬季可耐-5℃低温，但生长不好，须加保护。喜光，忌炎热，夏季需凉爽的环境。忌移植，忌水涝，直根系，喜肥沃、深厚及湿润土壤。春化现象明显。

► 园林用途：

主要用作盆栽观赏，也可于早春布置花坛，同时又是一种很好的切花材料。

► 易发病虫害：

常见病害有花叶病、立枯病、黑斑病等，常见虫害有蚜虫、菜青虫等。

白苋草

学　　名：***Amaranthus albus***
别　　名：糠苋、绿苋
科　　属：苋科苋属

► 识别要点：

一年生草本植物，高 30 ～ 50 厘米，全体无毛。茎直立，少分枝。叶卵形至卵状矩圆形，长 2 ～ 9 厘米，宽 2.5 ～ 6 厘米。花单性或杂性，密生，绿色，穗状花序腋生，或集成顶生圆锥花序，胞果扁球形，种子褐色或黑色。花期 6—7 月。

► 生态习性：

喜温暖，较耐热，20℃以下生长缓慢，要求土壤湿润，不耐涝。

► 园林用途：

为常见观叶植物。

► 易发病虫害：

少见病虫害。

瓜叶菊

学　　名：***Pericallis hybrida***
别　　名：千叶莲、千日莲
科　　属：菊科瓜叶菊属

► 识别要点：

多年生草本花卉，常作一、二年生花卉栽培。株高30～60厘米，矮生种仅25厘米，全株具柔毛。叶较大，呈心状三角形，似瓜叶，叶柄较长。头状花序簇生呈伞房状，花色丰富，有蓝、紫、红、白等色，还有间色品种，花期12月至翌年4月，盛花期3—4月。

► 生态习性：

性喜冷凉，不耐高温，怕霜雪，一般在低温温室内栽培，夜间温度保持在5℃，白天温度不超过20℃，严寒季节稍加防护，以10℃～15℃为最佳。要求阳光充足，特别是冬季，但夏季忌阳光直射。喜肥，喜疏松排水良好的微酸性土壤。

► 园林用途：

为常用的室内盆栽观赏花卉，也可作春季花坛用花，并可作切花。

► 易发病虫害：

常见病害有白粉病、根腐病和茎腐病等，常见虫害有毒蛾、红蜘蛛和蚜虫等。

孔雀草

学　　名：***Tagetes patula***
别　　名：红黄草、藤菊、小万寿菊
科　　属：菊科万寿菊属

► 识别要点：

一年生草本植物，株高 20 ～ 50 厘米，多分枝，茎带紫色。叶对生或互生，羽状全裂，裂片 7 ～ 13，线状披针形，叶具油腺点，有异味。头状花序单生，花序直径约 4 厘米，舌状花黄色，基部或边缘呈红褐色，花期 6—9 月。果期 9—10 月，瘦果黑褐色、线形。

► 生态习性：

喜阳光充足，但在半阴处也能生长开花，喜温暖，但能耐早霜，耐旱力强，忌多湿。适应性强，对土壤要求不严。耐移植，生长迅速，栽培容易，病虫害少。

► 园林用途：

最宜作花坛边缘材料或在花丛、花境等中栽植，也可作盆栽或切花。

► 易发病虫害：

常见病害有根腐病、茎腐病等，常见虫害有红蜘蛛、蚜虫等。

菊花

学　　名：***Dendranthema morifolium***
别　　名：黄花、节华、秋菊
科　　属：菊科菊属

► 识别要点：

多年生草本花卉，株高 60 ～ 150 厘米。茎直立，多分枝，小枝绿色或带灰褐，被灰色柔毛。单叶互生，有柄，边缘有缺刻纹锯齿，托叶有或无，叶表有腺毛，分泌一种菊叶香味，叶形变化较大，常为识别品种依据之一。

► 生态习性：

适应性很强，喜凉，较耐寒，生长适温为 18℃～ 21℃，最高 32℃，最低 10℃，地下根茎耐低温极限一般为 -10℃。喜疏松肥沃、排水良好的砂质壤土，在微酸性至中性的土壤中均能生长。忌连作。菊花为短日照花卉，对有毒气体有一定抗性。

► 园林用途：

菊花是我国一种传统名花，它品种繁多，色彩丰富，花形各异，每年深秋，很多地方都要举办菊花展览会，供人观摩。盆栽标本菊可供人们欣赏品评，用于室内布置。

► 易发病虫害：

常见病害有白粉病、黑斑病、茎腐病和花叶病等，常见虫害有蚜虫、天牛、绿盲蝽蟓、红蜘蛛等。

蟛蜞菊

学　　名：***Wedelia chinensis***
别　　名：黄花蟛蜞草、黄花墨菜、黄花龙舌草、田黄菊、卤地菊
科　　属：菊科蟛蜞菊属

► 识别要点：

宿根性多年生草本植物，全年开花不断，是优良的地被植物。高地栽植呈悬垂性。茎呈匍匐状，茎长可达 2 米以上。花色鲜黄，叶色青翠。通常以观叶为主，观花为辅。

► 生态习性：

生性粗放，生长快速，耐旱、耐湿、耐瘠。剪取枝条直接扦插于栽植地点即能成活。冬季生长稍弱。

► 园林用途：

作盆栽、吊盆、花台、地被或坡堤绿化植物。尤其适合于学校高楼走廊花台或大厦窗台悬垂美化，茎叶如绿色垂帘，甚是美观。

► 易发病虫害：

蟛蜞菊生性粗放，病虫害较少。

万寿菊

学　　名：***Tagetes erecta***
别　　名：蜂窝菊、大芙蓉
科　　属：菊科万寿菊属

► 识别要点：

一年生草本植物，株高 60 ～ 100 厘米。全株具异味，茎粗壮，绿色，直立。单叶羽状全裂对生，裂片披针形，具锯齿，上部叶时有互生，裂片边缘有油腺，锯齿有芒，头状花序顶生，径可达 10 厘米，黄色或橙色，总花梗肿大，花期 8—9 月。瘦果黑色，冠毛淡黄色。

► 生态习性：

喜光，喜温暖、湿润环境，不耐寒，不择土壤。

► 园林用途：

用于布置夏、秋季花坛、花境，高茎种可作切花。

► 易发病虫害：

常见病害有斑枯病、根腐病、白粉病等，常见虫害有细胸金针虫等。

向日葵

学　　名：***Helianthus annuus***
别　　名：朝阳花、向阳花
科　　属：菊科向日葵属

► 识别要点：

一年生草本植物，高 1 ～ 3.5 米。茎直立，圆形多棱角，质硬，被白色粗硬毛。广卵形叶片通常互生，边缘具粗锯齿，两面粗糙，被毛，有长柄。头状花序，直径 10 ～ 30 厘米，单生于茎顶或枝端。总苞片多层，叶质，覆瓦状排列，被长硬毛，夏季开花，花序边缘生中性的黄色舌状花，不结实。花序中部为两性管状花，棕色或紫色，能结实。

► 生态习性：

性喜暖和，需全日照的栽培条件，耐旱，耐盐性较强。

► 园林用途：

用于布置夏、秋季花坛、花境，也可作切花。

► 易发病虫害：

常见病害有白腐病、烂盘病等，常见虫害有向日葵潜叶蝇等。

金盏菊

学　　名：***Calendula officinalis***
别　　名：金盏花、黄金盏、长生菊
科　　属：菊科金盏菊属

► 识别要点：

一年生或越年生草本植物，株高30～60厘米，全株被白色茸毛。单叶互生，椭圆形或椭圆状倒卵形，全缘，基生叶有柄，上部叶基抱茎。头状花序单生茎顶，呈金黄或桔黄色。盛花期3—6月。瘦果，果熟期5—7月。

► 生态习性：

喜阳光充足环境，适应性较强，怕炎热天气。耐瘠薄干旱土壤及阴凉环境，在阳光充足及肥沃地带生长良好。

► 园林用途：

适用于中心广场、花坛、花带布置，也可作为草坪的镶边花卉或盆栽观赏。长梗大花品种可用作切花。

► 易发病虫害：

常见病害有枯萎病、霜霉病和锈病等，常见虫害有红蜘蛛和蚜虫等。

矮牵牛

学　　名：***Petunia hybrida***
别　　名：碧冬茄
科　　属：茄科矮牵牛属

► 识别要点：

多年生草本植物，常作一、二年生栽培，株高 40 ～ 60 厘米。全株被黏质柔毛，茎基部木质化，嫩茎直立，老茎匍匐状。单叶互生，卵形，全缘，近无柄，上部叶对生。花单生于叶腋或顶生，花较大，花冠漏斗状，边缘浅裂为 5 片，花色为紫红、白、黄或间色等，有单瓣和重瓣种，花期 4—10 月。

► 生态习性：

性喜温暖、湿润的环境，喜光，不耐寒，也不耐酷暑，要求通风良好，喜疏松、排水良好的微酸性土壤。

► 园林用途：

可用作花坛布景。

► 易发病虫害：

常见病害有白霉病、叶斑病和病毒病等，常见虫害有蚜虫等。

金鱼草

学　　名：***Antirrhinum majus***
别　　名：龙口花、龙头花、兔子花、洋彩雀
科　　属：玄参科金鱼草属

识别要点：

多年生草本植物，株高 20 ～ 70 厘米。总状花序顶生，花穗长 25 厘米，花色有白、粉、黄、紫等色，也有复色花。花期长，4—8 月都可有花。

生态习性：

喜阳光充足，也耐半阴。好凉爽，耐寒，畏酷热，生长适温为 7℃～ 16℃。要求排水良好的肥沃土壤，较耐碱性。从播种至开花需 90 ～ 100 天。

园林用途：

金鱼草花形奇特，花色浓艳丰富，花期又长，是园林中最常见的草本花卉。广泛用于盆栽、花坛、窗台、栽植槽和室内景观布置，近年来又用作切花观赏。

易发病虫害：

常见病害有疫病、苗腐病、锈病、叶枯病和灰霉病等，常见虫害有蚜虫、红蜘蛛、白粉虱和蓟马等。

夏堇

学　　名：*Torenia fournieri*
别　　名：蓝猪耳
科　　属：玄参科夏堇属

识别要点：

一年生草本植物，株高20～30厘米。方茎，分枝多，呈披散状。叶对生，卵形或卵状披针形，边缘有锯齿，叶柄长为叶长之半，秋季叶色变红。花在茎上部顶生或腋生（2～3朵不成花序），唇形花冠，花萼膨大，萼筒上有5条棱状翼。花蓝色，花冠杂色（上唇淡雪青，下唇堇紫色，喉部有黄色）。

生态习性：

喜光，能耐阴，不耐寒，能自播，喜排水良好土壤。

园林用途：

宜作花坛、花境布置，也可作盆栽观赏。

易发病虫害：

易发生苗期猝倒病。

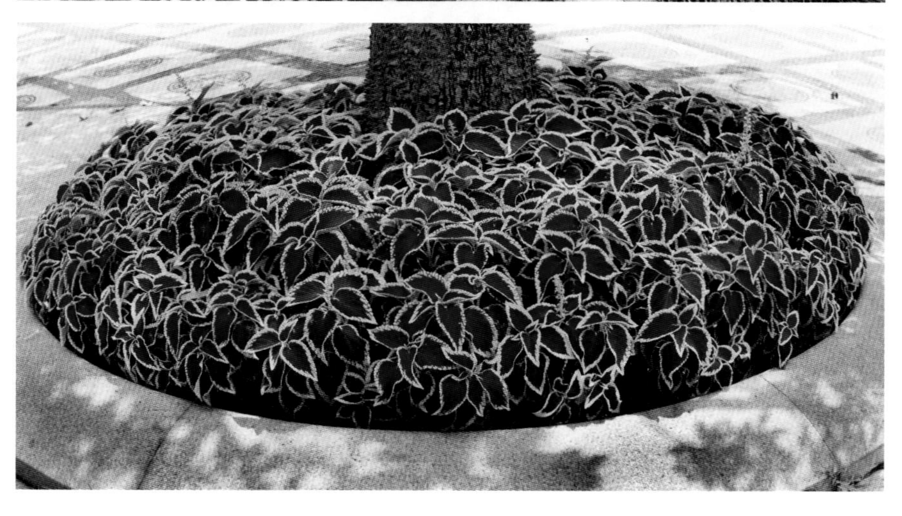

彩叶草

学　　名：***Coleus blumei***
别　　名：锦紫苏、洋紫苏、五色草
科　　属：唇形科鞘蕊花属

► 识别要点：

多年生草本植物，常作一、二年生栽培，植株高 50 ～ 80 厘米。全株被茸毛，方茎，分枝少，茎基部木质化。叶对生，卵形，先端尖，边缘有锯齿，绿色的叶面上有紫红色或异色的斑纹或斑块，轮伞状总状花序，唇形花冠，花淡蓝或带白色，花期 8—9 月。

► 生态习性：

性喜温暖、向阳及通风良好环境，耐寒能力较弱，冬季一般在 10℃以上才能安全越冬，温度过低叶片易变黄脱落，夏季高温时须适当遮阴。

► 园林用途：

为常见的盆栽观赏植物，亦可作花坛布置材料，同时也适宜配植于花坛树木，还可作插花装饰的材料。

► 易发病虫害：

常见病害有猝倒病、叶斑病等，常见虫害有蚧壳虫、红蜘蛛和蚜虫等。

蓝花鼠尾草

学　　名：***Salvia farinacea***
别　　名：一串兰、粉萼鼠尾草
科　　属：唇形科鼠尾草属

► 识别要点：

多年生草本植物，茎基部略木质化，株高 30～90 厘米。全株组织内含挥发油，具强烈芳香味和苦味，略有涩味。茎四方形，分枝较多，有毛。叶对生，长椭圆形，8 月开花，唇形花 10 个左右轮生，开于茎顶或叶腋，花紫色或青色，有时白色，花冠唇形。

► 生态习性：

喜温暖和比较干燥的气候，抗寒，可忍耐 -15℃的低温。有较强的耐旱性。喜稍有遮阴和通风良好环境，一般土壤均可生长，但喜排水良好的微碱性石灰质土壤。

► 园林用途：

适用于花坛、花境和园林景点的布置。也可以点缀于岩石旁、林缘空隙地。

► 易发病虫害：

抗逆性强，少见病虫害。

吊竹梅

学　　名：***Zebrina pendula***
别　　名：吊竹兰、斑叶鸭跖草
科　　属：鸭跖草科吊竹梅属

► 识别要点：

多年生草本植物。茎稍肉质，多分枝，匍匐生长，节上易生根。叶半肉质，无叶柄，叶椭圆状卵形，顶端短尖，全缘，表面紫绿色，杂以银白色条纹，叶背紫红色，叶鞘被疏毛，花数朵聚生于小枝顶端。

► 生态习性：

喜温暖、湿润环境，喜阴，要求土壤为肥沃、疏松的腐殖质土壤。

► 园林用途：

多悬挂布置，如在窗前悬挂，犹如绿纱窗帘。

► 易发病虫害：

少见病虫害。

小蚌兰

学　　名：***Rhoeo spathaceo* cv. *Compacta***
别　　名：小紫背万年青
科　　属：鸭跖草科鸭跖草属

► 识别要点：

多年生草本植物。成株较小，叶小而密生，叶背淡紫红色，叶簇密集。以观叶为主，属于观叶植物。荫蔽处叶面淡绿色，叶背淡紫红，强光下叶面渐转浑红，叶背紫红。

► 生态习性：

属中性植物，全日照、半日照均理想，日照充足的情况下叶色较美观。盆栽小蚌兰以在肥沃的腐殖质土壤生育最佳，排水须良好。性喜温暖至高温，冬季应温暖避风，生长适温为20℃～30℃，10℃以下须防寒害发生。

► 园林用途：

适合庭院美化或盆栽，可美化环境。

► 易发病虫害：

无严重病虫害。

紫鸭跖草

学　　名：***Setcreasea purpurea***
别　　名：紫竹梅、紫叶草、紫锦草
科　　属：鸭跖草科紫竹梅属

► 识别要点：

多年生草本植物，植株高 20 ～ 30 厘米。叶披针形，略有卷曲，紫红色，被细绒毛。春、夏季开花，花色桃红，在日照充分的条件下花量较大。

► 生态习性：

喜光也耐阴，喜湿润也较耐旱，对土壤要求不高。稍耐寒，长江流域背风向阳处可越冬。

► 园林用途：

适于盆栽观赏。植于花台，下垂生长，十分醒目。

► 易发病虫害：

少见病虫害。

吊兰

学　　名：***Chlorophytum comosum***
别　　名：垂盆草、挂兰、钓兰、兰草、折鹤兰
科　　属：百合科吊兰属

▶ 识别要点：

常绿多年生草本植物。地下部有根茎，肉质而短，横走或斜生，叶细长，线状披针形，基部抱茎，鲜绿色。叶腋抽生匍匐枝，伸出株丛，弯曲向外，顶端着生带气生根的小植株。花白色，花瓣6片，花期春、夏季。

▶ 生态习性：

喜温暖湿润，喜半阴，夏季忌烈日，土壤要求疏松肥沃，室温20℃时，茎叶生长迅速，冬季温度要求不低于5℃。

▶ 园林用途：

是极为良好的室内悬挂观叶植物，可镶嵌栽植于路边石缝中，或点缀于水石或树桩盆景上，皆别具特色。

▶ 易发病虫害：

常见病害有根腐病、褐斑病等，常见虫害有蚧壳虫、白粉虱、蚜虫和红蜘蛛等。

花叶艳山姜

学　　名：***Alpinia zerumbet* cv. *Variegata***

别　　名：花叶良姜

科　　属：姜科山姜属

► 识别要点：

多年生草本植物，植株高 1 米左右，根茎横生。叶革质，有短柄，矩圆状披针形，长 30 ～ 80 厘米，宽 10 ～ 15 厘米，叶面绿色，有不规则的金黄色纵条纹，叶背淡绿色，边缘有短柔毛。初夏开花，圆锥花序，下垂，苞片白色，边缘黄色，顶端及基部粉红色，花萼近钟形，花冠白色。花期 6—7 月。

► 生态习性：

性喜高温高湿环境，喜明亮的光照。但也耐半阴。生长适温为 15℃～ 30℃，越冬温度为 5℃左右。在疏松、排水良好的肥沃土壤中生长较好。

► 园林用途：

花叶艳山姜叶色艳丽，十分迷人，花姿优美，花香清纯，是很有观赏价值的室内观叶观花植物。它常以中小盆种植，摆放在客厅、办公室及厅堂过道等较明亮处，也可作为室内花园点缀植物。

► 易发病虫害：

常见病害有叶枯病、褐斑病等，常见虫害有蜗牛等。

阔叶土麦冬

学　　名：***Liriope platyphylla***
别　　名：阔叶山麦冬
科　　属：百合科山麦冬属

► 识别要点：

草本植物，根稍粗，须根末端膨大呈纺锤形的小块根，具地下匍匐茎。叶丛生，线形。总状花序。花簇生，淡紫色或近白色。浆果圆形，蓝黑色。花期6—8月，果期9—10月。

► 生态习性：

喜阴，忌直射阳光。在湿润、肥沃、排水良好的砂质壤土中生长良好。较耐寒，长江流域能露地越冬。

► 园林用途：

可作园林地被植物，也可作盆栽布置于室内。

► 易发病虫害：

常见病害有黑斑病等，常见虫害有蛴螬、蝼蛄和地老虎等。

麦冬

学　　名：***Ophiopogon japonicus***
别　　名：大麦冬、鱼仔兰、麦门冬
科　　属：百合科沿阶草属

► 识别要点：

多年生常绿草本植物，根状茎短粗。须根发达，常在须根中部膨大呈纺缍形肉质块根，地下具匍匐茎。叶丛生，窄条带状，具5条叶脉，稍革质，基部有膜质鞘。花序自叶丛中央抽出，总状花序，具花5～9轮，每轮2～4朵，小花梗短而直立。花瓣6片，淡紫色或白色，花期8—9月。

► 生态习性：

喜阴湿环境，忌阳光直射，耐寒力较强，在长江流域可露地越冬，北方须入低温温室栽培，对土壤要求不严，但在肥沃湿润的土壤中生长良好。

► 园林用途：

植株低矮，终年常绿，是良好的地被植物和花坛的边饰材料，盆栽多用于疏荫地，组成盆花群的最外沿。

► 易发病虫害：

常见病害有黑斑病等，常见虫害有蝼蛄、蛴螬等。

天门冬

学　　名：***Asparagus cochinchinensis***
别　　名：天冬草、明天冬、小叶青
科　　属：百合科天门冬属

► 识别要点：

攀缘植物。根在中部或近末端呈纺锤状膨大，叶状枝通常每 3 枚成簇，扁平或由于中脉龙骨状而略呈锐三棱形，镰刀状，花通常每 2 朵腋生，淡绿色，浆果直径 6～7 毫米，熟时红色，有 1 颗种子。花期 5—6 月，果期 8—10 月。

► 生态习性：

喜肥沃的砂质壤土，适宜湿润的气候和环境，但是怕涝和烈日。喜温暖湿润气候，不耐严寒，忌干旱及积水。

► 园林用途：

翠绿茂盛的枝叶和鲜红球形果，构成了天门冬独特的观赏价值。盆栽可用于厅堂、会场观叶、观果，也可切取嫩绿多姿的枝条作插花的配衬材料。

► 易发病虫害：

常见虫害有短须螨等。

花叶山菅兰

学　　名：*Dianella ensifolia Silvery Stripe*

别　　名：银边山菅兰

科　　属：百合科山菅兰属

► 识别要点：

属园艺栽培品种，多年生草本植物，株高 50 ～ 70 厘米。叶近基生，2 列，狭条状披针形，革质，叶边缘具银白色条纹，长 30 ～ 60 厘米，茎横走，结节状，节上有细而硬的根，花亭从叶丛中抽出。圆锥花序，长 10 ～ 30 厘米，花多朵，夏季开放，淡紫色，浆果紫蓝色。

► 生态习性：

在明亮处生长良好，也耐半阴，喜高温、湿润气候，耐旱。对土质不择，但以排水良好的砂质壤土为最佳。

► 园林用途：

株形优美，叶色秀丽，清逸美观，在园林中常作地被植物观赏，常用于林下、公园路边、山石旁，在室内亦可作盆栽观赏。

► 易发病虫害：

无严重病虫害。

沿阶草

学　　名：***Ophiopogon bodinieri***
别　　名：绣墩草、书带草
科　　属：百合科沿阶草属

► 识别要点：

多年生常绿草本植物，须根较粗，须根顶端或中部膨大成纺锤形肉质小块根，地下走茎细长。叶丛生，线形，先端渐尖，叶缘粗糙，墨绿色，革质。花葶从叶丛中抽出，有棱，顶生总状花序较短，着花10朵左右，白色至淡紫色，花期8—9月。种子肉质，半球形黑色。

► 生态习性：

耐寒力较强，喜阴湿环境，在阳光下和干燥的环境中叶尖焦黄，对土壤要求不严，但在肥沃湿润的土壤中生长良好。

► 园林用途：

在南方多栽于建筑物台阶的两侧，故名沿阶草，北方常栽于通道两侧。

► 易发病虫害：

常见病害有叶枯病等。

玉簪

学　　名：***Hosta plantaginea***
别　　名：玉春棒、白鹤花、白萼
科　　属：百合科玉簪属

► 识别要点：

多年生草本植物，根状茎粗状，有多数须根。叶茎生成丛，心状卵圆形，具长柄，叶脉弧形。花向叶丛中抽出，高出叶面，着花 9～15 朵，组成总状花序。花白色，有香气，具细长的花被筒，先端 6 裂，呈漏斗状，花期 7—9 月。蒴果圆柱形，成熟时 3 裂，种子黑色，顶端有翅。

► 生态习性：

属典型的阴性植物，喜阴湿环境，受强光照射则叶片变黄，生长不良，喜肥沃、湿润的砂质壤土，极耐寒。

► 园林用途：

玉簪叶娇莹，花苞似簪，色白如玉，清香宜人，是中国古典庭院中重要花卉之一。在现代庭院中多配植于林下草地、岩石园或建筑物背面。也可三两成丛点缀于花境中，还可以盆栽布置于室内及廊下。

► 易发病虫害：

常见病害有玉簪斑点病等。

白掌

学　　名：***Spathiphyllum kochii***
别　　名：苞叶芋、一帆风顺、和平芋、百合意图、白鹤芋
科　　属：天南星科苞叶芋属

► 识别要点：

多年生草本植物。具短根茎。叶长椭圆状披针形，两端渐尖，叶脉明显，叶柄长，基部呈鞘状。花葶直立，高出叶丛，佛焰苞直立向上，稍卷，白色，肉穗花序圆柱状，白色。

► 生态习性：

喜高温多湿和半阴环境。生长适温为22℃～28℃。以肥沃、含腐殖质丰富的土壤为好。

► 园林用途：

可盆栽，或在花台、庭院的荫蔽地点丛植、列植，也可在石组或水池边缘绿化。

► 易发病虫害：

常见病害有叶斑病、褐斑病和炭疽病等，常见虫害有蚧壳虫、红蜘蛛等。

春芋

学　　名：***Philodenron selloum***
别　　名：羽裂喜林芋、春羽
科　　属：天南星科林芋属

► 识别要点：

多年生常绿草本植物。茎长约 150 厘米，有气生根。叶片羽状分裂，羽片再次分裂，有平行而显著的脉纹。花单性，佛焰苞肉质，白色或黄色，肉穗花序直立，稍短于佛焰苞。

► 生态习性：

喜温暖、潮湿的环境，宜疏松、富含腐殖质的土壤。

► 园林用途：

可盆栽布置于宾馆、饭店的厅堂以及室内花园、走廊、办公室等。

► 易发病虫害：

常见病害有叶斑病，常见虫害有蚧壳虫等。

海芋

学　　名：*Alocasia macrorrhiza*
别　　名：广东狼毒、野芋、独脚莲、老虎芋
科　　属：天南星科海芋属

► 识别要点：

常绿多年生大草本植物，高可达 3 米。茎粗壮，茶褐色，茎中多黏液。叶硕大，长 30 ～ 90 厘米，箭形，主侧脉在叶背凸起，叶盾状，叶柄长可达 1 米，佛焰苞淡绿色至乳白色，下部绿色，长 10 ～ 20 厘米。

► 生态习性：

性喜高温多湿的半阴环境，忌夏季烈日，对土壤要求不严，但肥沃疏松的砂质壤土有利于块茎生长肥大。作盆栽时一般用肥沃的园土即可。

► 园林用途：

海芋叶形和色彩都很美丽，宜作室内装饰。

► 易发病虫害：

常见病害有灰霉病、海芋花叶病等，常见虫害有蚧壳虫等。

风雨花

学　　名：***Zephyranthes grandiflora***
别　　名：红花葱兰、韭兰
科　　属：石蒜科葱莲属

► 识别要点：

多年生常绿球根花卉，株高15～25厘米。与葱兰相似。但鳞茎稍大，卵圆状，颈部稍短。叶较长而软，扁线型，稍厚。花漏斗状，显著具筒部，粉红色或玫红色。

► 生态习性：

生性强健，耐旱抗高温，栽培容易，生长适温为 22℃～ 30℃，以肥沃的砂质壤土栽培为佳。

► 园林用途：

适合庭院花坛缘栽或盆栽。

► 易发病虫害：

常见病害有叶锈病、斑点病等，常见虫害有蛴螬等。

水鬼蕉

学　　名：***Hymenocallis americana***
别　　名：蜘蛛兰
科　　属：石蒜科水鬼蕉属

► 识别要点：

多年生球根花卉。叶剑形，端锐尖，多直立。花葶扁平，高 30 ～ 70 厘米，花白色，无梗，呈伞状着生，有芳香，花被片线状，一般比筒部短，花被裂片线形，基部合生成筒状。花形如蜘蛛，故名“蜘蛛兰”。副冠钟形或阔漏斗形，具齿牙缘。

► 生态习性：

耐阴，喜光照、温暖湿润的环境，不耐寒，喜肥沃的土壤。盆栽越冬温度在 15℃以上。生长期水肥要充足。

► 园林用途：

水鬼蕉花形美丽，耐水湿，可定植于水边、林缘或用于花境丛植。亦可盆栽观赏。

► 易发病虫害：

常见病害有叶斑病、叶焦病等。

文殊兰

学　　名：***Crinum asiaticum***
别　　名：白花石蒜、十八学士
科　　属：石蒜科文殊兰属

► 识别要点：

多年生常绿草本植物，植株粗壮。地下部分具有叶基形成的假鳞茎，长圆柱形。叶带状披针形，叶缘波状，浅绿色，从鳞茎基部抽出。花葶从叶丛中抽出，花茎直立，高与叶相等，实心、伞形，花序顶生，有花 10 ～ 20 朵，簇生，白色，芳香，花被筒细长，裂片线形。蒴果球形，种子较大。

► 生态习性：

野生多分布于滨海地区、河旁沙地以及山涧林下阴湿处。喜温暖湿润气候，不耐寒，夏季怕烈日暴晒。耐盐碱土壤。

► 园林用途：

园林用于大树下作覆盖植物。可丛植、片植或作花境或盆栽观赏。

► 易发病虫害：

常见病害有叶斑病等。

朱顶红

学　　名：***Hippeastrum vittatum***
别　　名：孤挺花、百枝莲、华胄兰
科　　属：石蒜科孤挺花属

► 识别要点：

多年生草本植物。地下鳞茎肥大球形。叶着生于炙茎顶部，带状质厚，花、叶同发，或叶发后数日即抽花葶，花葶粗状，直立，中空，高出叶丛。近伞形花序，每个花葶着花 2 ～ 6 朵，花较大，漏斗状，红色具白色条纹，或白色具红色、紫色条纹，花期 4—6 月。果实球形。

► 生态习性：

春植球根，喜温暖，生长适温为 18℃～ 25℃，冬季休眠期要求冷凉干燥，生长适温为 5℃～ 10℃，喜阳光，但光线不宜过强，喜湿润，但畏涝，喜肥，要求富含有机质的砂质壤土。

► 园林用途：

朱顶红花大，色艳，栽培容易，常作盆栽观赏或作切花，也可露地布置花坛，作切花的要在花蕾含苞待放时采收。

► 易发病虫害：

常见病害有叶斑病等，常见虫害有菊天牛、糠片盾蚧等。

旱金莲

学　　名：***Tropaeolum majus***
别　　名：旱荷、寒荷、金莲花、旱莲花
科　　属：旱金莲科旱金莲属

► 识别要点：

一年生或多年生攀缘性植物，株高 30 ～ 70 厘米。花单生或 2 ～ 3 朵呈聚伞花序，萼片 8 ～ 19 枚，黄色，椭圆状倒卵形或倒卵形，花瓣与萼片等长，狭条形。

► 生态习性：

不耐寒，喜温暖湿润，越冬温度在 10℃以上。需充足阳光和排水良好的肥沃土壤。

► 园林用途：

可用于盆栽装饰阳台、窗台或置于室内书桌、几架上观赏，也适宜作切花。

► 易发病虫害：

常见病害有花叶斑、环斑病等，常见虫害有蚜虫等。

紫背竹芋

学　　名：***Stromanthe sanguinea***
别　　名：红背卧花竹芋
科　　属：竹芋科肖竹芋属

► 识别要点：

多年生常绿草本植物。叶片基生，叶柄短，叶片长椭圆形至宽披针形，叶片正面绿色，背面紫红色。圆锥花序，苞片及萼片红色。

► 生态习性：

要求在非直射光的明亮环境中栽培，以富含腐殖质的土壤或砂质壤土为佳。

► 园林用途：

适合庭院、围墙和假山栽培观赏。

► 易发病虫害：

常见病害有叶斑病、叶枯病等。

地毯草

学　　名：***Axonopus compressus***
别　　名：大叶油草
科　　属：禾本科地毯草属

► 识别要点：

具长匍匐枝，节上密生灰白色柔毛。叶片阔条形，顶端钝。总状花序 2 ～ 5 枚，排列于杆的上部。

► 生态习性：

喜潮湿的热带和亚热带气候，不耐霜冻，适宜在潮湿的砂土上生长，不耐干旱，旱季休眠，也不耐水淹。耐荫蔽，在橡胶林及其他类似的荫蔽条件下生长良好。

► 园林用途：

园林中常栽于乔木下，也可用作牧草。

► 易发病虫害：

较少病虫害。

马尼拉草

学　　名：***Zoysia matrella***
别　　名：沟叶结缕草
科　　属：禾本科结缕草属

识别要点：

多年生草本植物。具横走根茎，须根细弱。杆直立，高 12 ～ 20 厘米，基部节间短，每节具一至数个分枝。

生态习性：

喜温暖、湿润环境，草层茂密，分蘖力强，覆盖度大，抗干旱、耐瘠薄，适宜在深厚肥沃、排水良好的土壤中生长。

园林用途：

因匍匐生长特性、较强竞争能力及适度耐践踏性，马尼拉草可广泛用于铺建庭院绿地、公共绿地及固土护坡场合。另外，马尼拉草生长缓慢，具有较高的观赏价值，是中国西南地区常用暖季型草坪物种。

易发病虫害：

常见病害有锈病，常见虫害有水稻贪叶夜蛾等。

乔木类

火焰木

学　　名：***Spathodea campanulata***
别　　名：火焰树
科　　属：紫葳科火焰树属

► 识别要点：

常绿大乔木，株高 10 ～ 20 米。树干直立，灰白色。叶为奇数羽状复叶，小叶具短柄，卵状披针形或卵状长椭圆形，侧脉很明显。圆锥或总状花序，顶生，花大，花红色或橙红色。花期几乎全年。

► 生态习性：

火焰树生性强健，喜光照，耐热、耐干旱、耐水湿、耐瘠薄，但栽培以排水良好的壤土或砂质壤土为佳，不耐风，风大枝条易折断，但不耐寒，生长适温为 23℃～ 30℃，10℃以上才能正常生长发育。

► 园林用途：

火焰木作为风景林地的配植树种，可以体现自然野趣。

► 易发病虫害：

常见病害有立枯病，常见虫害有蚜虫、尺蛾、黄夜蛾、盗盼夜蛾、大小地老虎及金龟子等。

红花天料木

学　　名：***Homalium hainanense***
别　　名：母生、高根、山红罗
科　　属：大风子科天料木属

► 识别要点：

常绿大乔木，株高可达40米。树皮灰色，不裂，叶革质，长圆形或椭圆状长圆形，稀倒卵状长圆形，花外面淡红色，内面白色，蒴果倒圆锥形。花期6月至第二年2月，果期10—12月。

► 生态习性：

生于海拔400～1 200米的山谷密林中。

► 园林用途：

木材红褐色，木质坚韧，纹理致密，既是造船、家具、水工及细木工用材，也可作为园林绿化苗木。

► 易发病虫害：

少见病虫害。

复羽叶栾树

学　　名：***Koelreuteria bipinnata***
别　　名：灯笼树、摇钱树、国庆花
科　　属：无患子科栾树属

► 识别要点：

落叶乔木，圆锥花序顶生，黄花，花瓣基部有红色斑，杂性。蒴果卵形，肿囊状3棱，或椭圆形，顶端钝头而有短尖。花期8—9月，果期10—11月。

► 生态习性：

喜光，喜温暖湿润气候，具深根性，适应性强，耐干旱，抗风，抗大气污染，速生。

► 园林用途：

春季嫩叶多呈红色，夏叶羽状浓绿色，秋叶鲜黄色，花黄满树，国庆节前后其蒴果的膜质果皮膨大如小灯笼，鲜红色，成串挂在枝顶，如同花朵。有较强的抗烟尘能力，是城市绿化理想的观赏树种。

► 易发病虫害：

未见严重病虫害。

斑叶垂榕

学　　名：***Ficus benjamina* cv. *Variegata***

别　　名：花叶榕、斑叶垂榕、花斑叶垂榕

科　　属：桑科榕属

► 识别要点：

常绿乔木，株高可达 10 米。树冠广阔，树皮灰色，平滑，小枝下垂。叶薄革质，卵形至卵状椭圆形，叶面、叶缘具乳白色斑。瘦果卵状肾形，短于花柱。花期 8—11 月。

► 生态习性：

喜温暖湿润和散射光环境。生长适温为 13℃～30℃，越冬温度为 8℃。温度低时容易引起落叶。

► 园林用途：

耐旱、耐湿、抗污染，可植成大树作绿荫树、行道树，幼株可绿篱、盆栽。

► 易发病虫害：

常见病害有叶斑病等，常见虫害有红蜘蛛等。

垂榕

学　　名：***Ficus benjamina***
别　　名：细叶榕、小叶榕、垂叶榕
科　　属：桑科榕属

► 识别要点：

常绿乔木，树冠广阔，树皮灰色，平滑，小枝下垂。叶薄革质，卵形至卵状椭圆形。瘦果卵状肾形，短于花柱。花期8—11月。

► 生态习性：

喜温暖、湿润和阳光充足环境。

► 园林用途：

适合盆栽，或作行道树、绿荫树。

► 易发病虫害：

常见病害有叶斑病，生长期常见虫害有红蜘蛛等。

合欢树

学　　名：***Albizia julibrissin***
别　　名：绒花树、夜合欢
科　　属：含羞草科合欢属

► 识别要点：

落叶乔木，高可达 16 米。树冠开展，小枝有棱角，嫩枝、花序和叶轴被绒毛或短柔毛。托叶线状披针形，头状花序于枝顶排成圆锥花序，花粉红色，花萼管状，花期 6—7 月，果期 8—10 月。

► 生态习性：

性喜光，喜温暖，耐寒、耐旱、耐土壤瘠薄及轻度盐碱，对二氧化硫、氯化氢等有害气体有较强的抗性。

► 园林用途：

可用作园景树、行道树、风景区造景树、滨水绿化树、工厂绿化树和生态保护树等。

► 易发病虫害：

常见病害有合欢枯萎病等，常见虫害有合欢羞木虱等。

白玉兰

学　　名：***Michelia alba***
别　　名：缅桂、白兰
科　　属：木兰科木兰属

乔木类

► 识别要点：

常绿乔木，分枝少。单叶互生，叶较大，长椭圆形或披针状椭圆形，全缘，薄革质，花单生于当年生枝的叶腋内，白色或略带黄色，极香，花期 6—10 月，夏季最盛。

► 生态习性：

喜光及通风良好的环境，不耐寒，冬季温度不低于 5℃，不耐干又不耐湿，喜富含腐殖质、排水良好、疏松肥沃、微酸性的砂质壤土。

► 园林用途：

可作盆栽观赏，南方作庭荫树、行道树栽植。是很好的香花植物，可切作佩花。

► 易发病虫害：

常见病害有黄化病、根腐病和炭疽病等，常见虫害有蚜虫、蚧壳虫等。

黄槐

学　　名：***Cassia surattensis***
别　　名：黄槐决明
科　　属：苏木科决明属

► 识别要点：

小乔木或灌木，高可达 10 米。偶数羽状复叶，叶柄及总轴基部有腺体，小叶 7 ～ 9 对，长椭圆形至卵形，叶端圆而微凹。伞房状的总状花序，生于枝上部叶腋内，花鲜黄色，径约 5 厘米，全年有花，9 — 10 月最盛。荚果扁平，果期冬季至翌年春季。

► 生态习性：

喜高温、高湿及阳光充足环境。

► 园林用途：

枝叶茂密，树姿优美，花期长，花色金黄灿烂，富热带特色，为美丽的观花树、庭院树和行道树。

► 易发病虫害：

常见病害有猝倒病、茎腐病等，常见虫害有蚜虫和红蜘蛛等。

黄金香柳

学　　名：***Melaleuca bracteata***
别　　名：千层金
科　　属：桃金娘科白千层属

▶ 识别要点：

常绿乔木，属深根性树种。主干直立，枝条细长柔软，嫩枝红色，且韧性很好，抗风力强，在海边生长态势非常好。

▶ 生态习性：

喜光，具有很强的抗台风能力，耐水淹，抗盐碱。

▶ 园林用途：

黄色的叶片分布于整个树冠，形成锥形，树形优美，不仅可用于庭院景观、道路美化、小区绿化，由于其抗盐碱、耐强风的特性，它还非常适合用于海滨及人工填海造地的绿化造景、防风固沙等。

▶ 易发病虫害：

常见虫害有卷叶螟、蚜虫等。

黄槿

学　　名：***Hibiscus tiliaceus***
别　　名：糕仔树、桐花、盐水面夹果、朴仔
科　　属：锦葵科木槿属

► 识别要点：

常绿大灌木或小乔木。主干不明显，高可达 3 ～ 4 米。其叶大，呈心形。花两性，单生、腋生。常数花排列成聚伞花序，花冠钟形，花瓣黄色，内面基部暗紫色。蒴果卵圆形，果片 5 枚，木质。种子光滑，肾形。花期 6 — 8 月。

► 生态习性：

阳性植物，喜阳光。生性强健，耐旱、耐贫瘠。土壤以砂质壤土为佳。抗风力强，有防风固沙之功效。耐盐碱能力好，适合海边种植。

► 园林用途：

为观叶、观花植物。花期全年，以夏季最盛。可为行道树或于海岸绿化栽植。多生于滨海地区，为海岸防沙、防潮、防风之优良树种。

► 易发病虫害：

主要虫害有吹绵蚧等。

金柚

学　　名：***Citrus maxima***
别　　名：文旦、香栾
科　　属：芸香科柑橘属

► 识别要点：

乔木，单生复叶，叶质颇厚，色浓绿，阔卵形或椭圆形。总状花序，花蕾淡紫红色或稀乳白色，花柱粗长。果圆球形，梨形或阔圆锥状，横径通常在 10 厘米以上，淡黄或黄绿色，杂交种有朱红色的。花期 4 — 5 月，果期 9 — 12 月。

► 生态习性：

喜欢生长在温暖潮湿的地方，每年春、秋雨季时栽培最为适宜。柚树生长尤为需要水分，在其开花、结果、果实成熟前应分别施用不同的肥料。修剪枝叶时应该剪去顶部和侧面枝条，保证阳光照射、空气流通和促进发芽。

► 园林用途：

树冠浓绿，树姿优美，开花时香气袭人，常种植于果园中。

► 易发病虫害：

常见病害有炭疽病和煤污病等，常见虫害有蚜虫、蚧壳虫、潜叶蛾等。

幌伞枫

学　　名：***Heteropanax fragrans***
别　　名：罗伞枫、大蛇药、五加通
科　　属：五加科幌伞枫属

► 识别要点：

常绿乔木，高达 30 米。树冠近球形，树皮淡褐色。3～5 回羽状复叶，长 1 米余，小叶椭圆形，长 5.5～13 厘米。伞形花序密集成头状，总状排列，花小、黄色，花期 10—12 月。果扁球形，翌年 2—3 月成熟。

► 生态习性：

喜光，喜温暖湿润气候，适生于深厚肥沃、排水良好的酸性土壤。

► 园林用途：

树冠圆整，叶形巨大、奇特，宜作庭荫树或行道树。

► 易发病虫害：

常见病害有立枯病，常见虫害有铜绿金龟子幼虫、蛴螬、地老虎等。

鸡蛋花

学　　名：***Plumeria rubra***
别　　名：缅栀子、蛋黄花
科　　属：夹竹桃科鸡蛋花属

► 识别要点：

落叶灌木或小乔木。小枝肥厚多肉。叶大，厚纸质，多聚生于枝顶，叶脉在近叶缘处连成一边脉。花数朵聚生于枝顶，花冠筒状，径长5～6厘米，5裂。外面乳白色，中心鲜黄色，极为芳香。花期5—10月。

► 生态习性：

喜高温、高湿、向阳环境，耐干旱，不耐涝，生长适温为20℃～26℃，冬天温度在7℃以上可安全越冬，喜排水良好、肥沃的土壤。

► 园林用途：

适合于庭院、草地中栽植，也可作盆栽观赏。

► 易发病虫害：

常见病害有角斑病、白粉病、锈病等，常见虫害有鸡蛋花钻心虫、蚧壳虫等。

罗汉松

学　　名：***Podocarpus macrophyllus***
别　　名：罗汉杉、长青罗汉杉、土杉、金钱松、仙柏
科　　属：罗汉松科罗汉松属

► 识别要点：

常绿乔木。树冠广卵形，树皮深灰色，叶螺旋状排列，线状披针形，叶面浓绿，叶背黄绿，有时被白粉，种子核果状，近卵圆形，深绿色，成熟时为紫红色，外被白粉着生于针托上。

► 生态习性：

多年生树种，喜温暖湿润和半阴环境，耐寒性略差，怕水涝和强光直射，生长慢，抗风性强，对多种有毒气体有较强抗性。

► 园林用途：

独赏树，可室内盆栽，亦可作花坛花卉。由于罗汉松树形古雅，种子与种柄组合奇特，惹人喜爱，南方寺庙、宅院多有种植。

► 易发病虫害：

常见病害有叶斑病、炭疽病等，常见虫害有蚧壳虫、红蜘蛛和大蓑蛾等。

雁洋叶剑英纪念园

假苹婆

学　　名：***Sterculia lanceolata***
别　　名：七姐果、鸡冠皮、鸡冠木、山羊角、红郎伞、赛苹婆
科　　属：梧桐科苹婆属

► 识别要点：

常绿乔木。树冠宽阔浓密，树皮粉灰白色，粗糙，圆锥花序密集多分枝，果长圆形或长椭圆形，具喙，密被毛，鲜红色。花期4—5月。秋季果熟。

► 生态习性：

阳性树种。喜高温湿润，生性强健，抗风性强，耐瘠薄，不耐干旱，不耐寒。对土壤要求不严。但在土层浑厚、湿润，富含有机质的土壤上生长迅速。

► 园林用途：

宜用作庭院树、公园风景树、行道树，是市郊区生态风景林混交的良好树种。

► 易发病虫害：

常见病害有炭疽病，常见虫害有木虱等。

苹婆

学　　名：***Sterculia nobilis***
别　　名：凤眼果
科　　属：梧桐科苹婆属

▶ 识别要点：

树干通直，高可达 20 米，树皮褐色。单叶互生，倒卵状椭圆形。腋生圆锥花序、下垂，花杂性，无花瓣，花萼微带红晕，花期 4—5 月，8—9 月可二次开花。蓇葖果卵形，9—10 月成熟时为红色。

▶ 生态习性：

性喜阳光，喜温暖湿润气候，对土壤要求不严。根系发达，速生。虽然在瘠薄及砂砾土中均能生长良好，但以排水良好、土层深厚的砂质壤土为最佳。

▶ 园林用途：

宜作庭院风景树和行道树。

▶ 易发病虫害：

常见病害有炭疽病，常见虫害有木虱等。

大叶紫薇

学　　名：***Lagetstroemia speciosa***
别　　名：大花紫薇、洋紫薇
科　　属：千屈菜科紫薇属

► 识别要点：

大乔木，高可达25米。树皮灰色，平滑，叶长10～25厘米，花朵直径5～7厘米，花萼有明显槽纹，花色由粉红变紫红。蒴果球形至倒卵状矩圆形。花期5—7月，果期10—11月。

► 生态习性：

喜温暖湿润，喜阳光，稍耐阴。有一定的抗寒力和抗旱力。喜生于石灰质土壤中。

► 园林用途：

炎夏群花凋谢，独紫薇繁花竞放。花色艳丽，花期长久。可在各类园林绿地中种植，也可用于街道绿化和盆栽观赏。

► 易发病虫害：

常见病害有斑点病、白粉病等，常见虫害有豹纹木蠹蛾、中华管蓟马、栗黄枯叶蛾等。

大叶冬青

学　　名：***Ilex latifolia***
别　　名：波罗树、苦丁茶
科　　属：冬青科冬青属

► 识别要点：

常绿乔木，高达 20 米，胸径 60 米。树冠阔卵形。小枝粗壮有棱。叶厚革质，矩圆形或椭圆状矩圆形，长 8～24 厘米，锯齿细尖而硬，基部宽楔形或圆形，表面光绿色，下面黄绿色，叶柄粗。聚伞花序生于 2 年生枝条叶腋内，花淡绿色。核果球形，熟时深红色。花期 4—5 月，果熟期 11 月。

► 生态习性：

喜光，亦耐阴，喜暖湿气候，耐寒性不强，上海可正常生长。喜深厚肥沃的土壤，不耐积水。生长缓慢，适应性较强。

► 园林用途：

大叶冬青冠大荫浓，枝叶亮泽，红果艳丽。大树可列植于道路转角、草坪、水边，亦可配植于建筑物北面或假山的背阴处。

► 易发病虫害：

病虫害较少。

美人梅

学　　名：***Prunus blireana* cv. *Meiren***
科　　属：蔷薇科李属

► 识别要点：

落叶小乔木。叶片卵圆形，花色浅紫，重瓣花，先叶开放，自然花期自 3 月第 1 朵花开以后，自上而下陆续开放至 4 月中旬。

► 生态习性：

阳性树种，抗旱性较强，喜空气湿度大，不耐水涝。对土壤要求不严，以微酸性的黏壤土（pH 值 6 左右）为好。

► 园林用途：

优良的园林观赏、环境绿化树种。

► 易发病虫害：

常见病害有叶斑病、叶穿孔病、流胶病等，常见虫害有蚜虫、刺蛾、红蜘蛛、天牛等。

黄葛树

学　　名：***Ficus virens*** **var.** ***sublanceolata***
别　　名：大叶榕、马尾榕、黄槲树
科　　属：桑科榕属

► 识别要点：

高大落叶乔木。其茎干粗壮，树形奇特，悬根露爪，蜿蜒交错，古态盎然。花期5—8月，果期8—11月，果生于叶腋内，球形，黄色或紫红色。

► 生态习性：

具有顽强的生命力，根深杆壮，枝繁叶茂，生长快，寿命长，忍高温，耐潮湿，抗污染，耐瘠薄，对土质要求不严。

► 园林用途：

最适宜栽植于公园湖畔、草坪、河岸边、风景区。

► 易发病虫害：

常见病害有叶斑病、煤污病、白粉病等，常见虫害有蚧壳虫、灰白蚕蛾等。

梅江区梅江大道

糖胶树

学　　名：***Alstonia scholaris***
别　　名：灯架树、面盆架、面条树、乳木
科　　属：夹竹桃科鸡骨常山属

► 识别要点：

常绿乔木，树干通直，分枝轮生。叶 3～8 枚轮生，倒卵状长圆形、倒披针形至匙形。伞房状聚伞花序顶生，被柔毛。花白色。蓇葖果双生，线形。种子长圆形，两端有长缘毛。花期 6—11 月，果期 10 月至翌年 4 月。

► 生态习性：

喜生长在空气湿度大，土壤肥沃潮湿的环境。在水边、沟边生长良好。

► 园林用途：

树形美观，枝叶常绿，生长有层次如塔状，果实细长如面条，是南方较好的行道树种，也是点缀庭院的好树种。

► 易发病虫害：

常见病害有黑霉病和叶斑病等，常见虫害有绿翅绢野螟、圆盾蚧、木虱等。

人面子

学　　名：***Dracontomelon duperreanum* Pierre**

别　　名：人面树、银莲果

科　　属：漆树科人面子属

乔木类

► 识别要点：

常绿乔木。奇数羽状复叶，有小叶5～7对，叶轴和叶柄疏生柔毛，小叶互生，长圆形，全缘，网脉两面突起。圆锥花序顶生或腋生，花白色，核果扁球形。花期5—6月，果期8—9月。

► 生态习性：

生于低海拔林中。阳性树种，喜温暖湿润气候，适应性颇强，耐寒，抗风，抗大气污染。对土壤条件要求不严，以土层深厚、疏松而肥沃的土壤栽培为宜。

► 园林用途：

可作行道树、庭荫树。树冠宽广浓绿，甚为美观，是“四旁”和庭院绿化的优良树种。

► 易发病虫害：

未发现严重病虫害。

凤凰木

学　　名：***Delonix regia***
别　　名：金凤花、红花楹树
科　　属：豆科凤凰木属

► 识别要点：

高大落叶乔木。树皮粗糙，灰褐色，树冠扁圆形，分枝多而开展，叶为二回偶数羽状复叶。伞房状总状花序顶生或腋生，花大而美丽，呈鲜红至橙红色。荚果带形，扁平。花期6—7月，果期8—10月。

► 生态习性：

喜高温多湿和阳光充足环境，生长适温为20℃～30℃，不耐寒，冬季温度不低于10℃。以深厚肥沃、富含有机质的砂质壤土为宜。

► 园林用途：

树冠高大，花期花红叶绿，满树如火，富丽堂皇，由于“叶如飞凰之羽，花若丹凤之冠”，故取名凤凰木，是著名的热带观赏树种。

► 易发病虫害：

常见虫害有凤凰木夜蛾等。

菩提树

学　　名：***Ficus religiosa***
别　　名：思维树、七叶树、觉树
科　　属：桑科榕属

► 识别要点：

常绿乔木。枝干长有气生根，树干凹凸不平，叶互生、全缘，心形或卵圆形，先端长尾尖，叶色深绿，枝叶扶疏，浓荫盖地。

► 生态习性：

喜光，不耐阴，喜高温，抗污染能力强。对土壤要求不严，但以肥沃、疏松的微酸性砂质壤土为佳。

► 园林用途：

是优良的观赏树种以及庭院行道和污染区的绿化树种。

► 易发病虫害：

常见病害有黑斑病和猝倒病等，常见虫害有蚧壳虫等。

高山榕

学　　名：***Ficus altissima***
别　　名：马榕、鸡榕、大青树
科　　属：桑科榕属

► 识别要点：

常绿大乔木。树冠广卵形，叶革质，互生，卵形至广卵状椭圆形，花序成对或单个腋生于小枝上，卵球形，成熟时呈深红色或黄色，花期 3—4 月，果期 5—7 月。

► 生态习性：

强阳性树种，喜温热，耐潮湿又耐旱，耐瘠薄，不甚耐寒，不耐阴，以肥沃、深厚、酸性土壤为最好，根系发达，生长快。

► 园林用途：

可作庭荫树、景观树、行道树、防护木林，也是工矿防化的优良绿荫树种。

► 易发病虫害：

无严重病虫害。

雁南飞旅游区

台湾相思树

学　　名：***Acacia confusa***
别　　名：相思树、台湾柳
科　　属：豆科金合欢属

► 识别要点：

常绿乔木，株高可达 16 米。分枝粗大。复叶退化为一扁平叶状柄，形似柳叶。头状花序单生或 2～3 个簇生于叶腋内。花黄色，有微香。荚果扁平，暗褐色。花期 3—10 月，果期 8—12 月。

► 生态习性：

喜光，亦耐半阴，耐低温。喜肥沃的土壤。极耐干旱和瘠薄，不怕河岸间歇性的水淹或浸渍。根深材韧，抗风力强。具根瘤，能固定大气中的游离氮，可改良土壤。萌芽力、萌蘖力均较强。

► 园林用途：

树冠婆娑，叶形奇异，花繁多，盛花期一片金黄。适宜园林布置、道路绿化，更是荒山绿化、水土保持的优良树种。

► 易发病虫害：

未见严重病虫害。

垂柳

学　　名：***Salix babylonica***
科　　属：杨柳科柳属

► 识别要点：

高大落叶乔木。小枝细长下垂，淡黄褐色。叶互生，披针形或条状披针形，具细锯齿，托叶披针形。花药黄色。花期 3—4 月，果期 4—6 月。

► 生态习性：

喜光，喜温暖湿润气候及潮湿深厚之酸性及中性土壤。较耐寒，特耐水湿，但亦能生于土层深厚之干燥地区。

► 园林用途：

最宜配植在水边，如桥头、池畔、河流、湖泊等水系沿岸处。也可作庭荫树、行道树、公路树等。

► 易发病虫害：

常见病害有腐烂病和溃疡病等，常见虫害有柳树金花虫和蚜虫等。

落羽杉

学　　名：***Taxodium distichum***
别　　名：落羽松
科　　属：杉科落羽杉属

► 识别要点：

落叶高大乔木。树干圆满通直，干基通常膨大，常有屈膝状的呼吸根。根皮棕色，裂成长条片状脱落。叶条形，扁平，基部扭转在小枝上成二列，羽状。种子为褐色不规则三角形。

► 生态习性：

阳性树种，喜温暖，耐水湿，能生长于浅沼泽中，亦能生长于排水良好的陆地上。

► 园林用途：

树形整齐美观，近羽毛状的叶丛极为秀丽，入秋，叶变成古铜色，是良好的秋色叶树种，是世界著名的园林树种。最适宜水旁配植，又有防风、护岸之效。

► 易发病虫害：

常见病害有赤枯病等，常见虫害有避债蛾、天牛、卷叶蛾等。

梅江区泮坑风景区

腊肠树

学　　名：***Cassia fistula***
别　　名：阿勃勒、牛角树、波斯皂荚
科　　属：豆科决明属

► 识别要点：

常绿落叶乔木。枝细长，树皮粗糙，暗褐色。有小叶3～4对，小叶对生，薄革质，卵状椭圆形。总状花序疏散，下垂，花与叶同时开放，花瓣黄色，倒卵形。荚果圆柱形。花期6—8月，果期10月。

► 生态习性：

性喜光，也能耐一定荫蔽，能耐干旱，亦能耐水湿，但忌积水地，对土壤的适应性颇强。

► 园林用途：

适宜在公园、水滨、庭院等处与红色花木配置种植，也可2～3株成小丛种植，自成一景。

► 易发病虫害：

常见病害有斑叶病、灰霉病等。

榔榆

学　　名：***Ulmus parvifolia***
别　　名：小叶榆
科　　属：榆科榆属

► 识别要点：

落叶乔木。叶革质，椭圆形，花簇生于叶腋内，花萼裂片无毛。翅果椭圆形，种子位于翅果中部稍上方，顶端离开翅果的凹缺。花期8—9月，果期9—10月。

► 生态习性：

喜光，稍耐阴，喜温暖湿润气候。土壤适应性强。生长速度适中，寿命长。对二氧化硫等有害气体及烟尘的抗性强。播种繁殖为主，也可分蘖繁殖。

► 园林用途：

可庭院栽培，也可作盆栽观赏。

► 易发病虫害：

常见病害有根腐病和枝梢丛枝病，常见虫害有榆叶金花虫、蚧壳虫、天牛、刺蛾和蓑蛾等。

木棉树

学　　名：***Gossampinus malabarica***
别　　名：攀枝花、红棉树、英雄树
科　　属：木棉科木棉属

► 识别要点：

落叶大乔木。树皮灰白色，幼树的树干通常有圆锥状的粗刺，分枝平展。掌状复叶，小叶5～7片。花单生于枝顶叶腋内，通常为红色，有时为橙红色。蒴果长圆形。花期3—4月，果夏季成熟。

► 生态习性：

强阳性树种，喜高温多湿气候，生长迅速，抗风，不耐旱。对土质要求不严，但排水须良好。

► 园林用途：

既是优良的观花乔木，也是庭院绿化和美化的高级树种，可作为高级行道树和公园绿化植物。

► 易发病虫害：

常见虫害有蚜虫、红蜘蛛、金龟子等。

梅江区江南路

美丽异木棉

学　　名：***Ceiba speciosa***
别　　名：美人树、美丽木棉、丝木棉
科　　属：木棉科吉贝属

► 识别要点：

落叶大乔木。树干下部膨大，幼树树皮浓绿色，密生圆锥状皮刺，掌状复叶，小叶椭圆形。冬季为开花期。蒴果椭圆形。种子次年春季成熟。

► 生态习性：

强阳性树种，喜高温多湿气候，生长迅速，抗风，不耐旱。对土质要求不严，但排水须良好。

► 园林用途：

既是优良的观花乔木，也是庭院绿化和美化的高级树种，可作为高级行道树和公园绿化植物。

► 易发病虫害：

常见虫害有金龟子、红蜘蛛等。

水松

学　　名：***Glyptostrobus pensilis***
别　　名：檫木、水石松、水绵
科　　属：杉科水松属

识别要点：

乔木，高 8 ～ 10 米。树干具扭纹。生于湿生环境者干基膨大具圆棱，并有高达 70 厘米的藤状呼吸根。枝较稀疏。叶二型。雌雄同株。球果倒卵状球形。种子椭圆形，微扁，具一向下生长的长翅。

生态习性：

喜光，喜温暖湿润气候和水湿环境。不耐低温和干旱。对土壤的适应性较强，最适生于中性或微碱性土壤，萌芽更新能力比较强。

园林用途：

大枝平展，春叶鲜绿色，入秋后转为红褐色，并有奇特的藤状根，故有较高的观赏价值。适用于暖地的园林绿化，最宜于低湿地片造林，或用于固堤、护岸、防风等。

易发病虫害：

未见严重病虫害。

紫荆

学　　名：***Bauhinia blakeana***
别　　名：红花紫荆、洋紫荆
科　　属：苏木科羊蹄甲属

► 识别要点：

常绿乔木，株高 6 ～ 10 米。叶革质，圆形或阔心形，长 5 ～ 14 厘米，宽度略超过长度，顶端二裂，状如羊蹄，裂片约为全长的 1/3，裂片端圆钝。总状花序或有时分枝而呈圆锥花序状，粉红色或红紫色。花期 3 — 4 月，果期 8 — 10 月。

► 生态习性：

喜光照，有一定的耐寒性。适应肥沃、排水良好的土壤，不耐水淹。

► 园林用途：

树冠美观，花大且多，色艳，芳香，是华南地区园林主要观花树种之一，宜作为园景树、庭荫树或行道树，亦可用于海边绿化。

► 易发病虫害：

常见病害有角斑病、枯萎病等，常见虫害有大蓑蛾、绿刺蛾、蚜虫等。

梅江区彬芳大道

小叶榄仁

学　　名：***Terminalia mantaly***
别　　名：细叶榄仁、非洲榄仁
科　　属：使君子科诃子属

► 识别要点：

落叶乔木，株高可达 18 米。叶色黄绿，质感轻细，干直立，侧枝水平开展，树冠呈伞形。

► 生态习性：

阳性植物，需强光。生长适温为 23℃～32℃，生长慢，耐热、耐湿、耐碱、耐瘠，抗污染，易移植，寿命长。

► 园林用途：

树姿英挺豪放，绿荫遮天，为低维护性高级行道树、园景树、林浴树。庭院、校园、公园、风景区、停车场等地均可单植、列植或群植美化。

► 易发病虫害：

常见虫害有咖啡皱胸天牛。

金蒲桃

学　　名：***Xanthostemon chrysanthus***
别　　名：黄金熊猫、澳洲黄花树
科　　属：桃金娘科蒲桃属

► 识别要点：

常绿小乔木。原产澳洲，花期长，从9月初开始一直持续到12月底，长达4个月，花黄色，小花聚生于枝条顶端，鲜艳夺目，全年有花，嫩叶暗红色，冬季叶片红色。

► 生态习性：

性喜温暖湿润气候，要求光照充足环境和排水良好的土壤。在温带地区生长也良好，但是开花不显著。

► 园林用途：

成年树的盛花期，满树金黄，极为亮丽壮观。适宜作园景树、行道树，幼株可盆栽观赏。

► 易发病虫害：

常见病害有炭疽病、果腐病等，常见虫害有金龟子、蚧壳虫等。

黧蒴锥

学　　名：***Castanopsis fissa***

别　　名：裂壳锥、大叶槠栗、大叶栎、大叶锥

科　　属：壳斗科锥属

► 识别要点：

常绿乔木，高约10米，胸径达60厘米。雄花多为圆锥花序，花序轴无毛。果序长8～18厘米。壳斗被暗红褐色粉末状蜡鳞，成熟壳斗圆球形或宽椭圆形，顶部稍狭尖，通常全包坚果，坚果圆球形或椭圆形，顶部四周有棕红色细伏毛。花期4—6月，果期10—12月。

► 生态习性：

阳坡较常见，为森林砍伐后萌生林的先锋树种之一。

► 园林用途：

根系发达，固土力强，生长速度快，枝叶繁茂，落叶量大，是营造水源涵养林、水土保持林的优良生态树种。

► 易发病虫害：

无严重病虫害。

雁鸣湖风景旅游区

洋蒲桃

学　　名：***Syzygium samarangense***
别　　名：莲雾、紫蒲桃、水蒲桃、水石榴
科　　属：桃金娘科蒲桃属

► 识别要点：

常绿小乔木，株高12米。叶对生，叶柄极短，叶片薄革质，椭圆形至长圆形。聚伞花序顶生或腋生，有花数朵，花白色，雄蕊极多。果实梨形或圆锥形，肉质，洋红色，发亮，长4～5厘米，先端凹陷，有宿存的肉质萼片。花期5—6月，果期7—8月。

► 生态习性：

喜温怕寒，最适生长温度为25℃～30℃。对水分要求高，对不同土壤条件的适应力强。

► 园林用途：

热带果树，又可作园林风景树、行道树和观果树种，可吸收二氧化碳。

► 易发病虫害：

常见病害有炭疽病、果腐病等，常见虫害有金龟子、蚧壳虫、毒蛾、蚜虫、避债蛾、蓟马、瘿蚊等。

白兰

学　　名：***Michelia alba***
别　　名：白兰花、缅桂花、白玉兰
科　　属：木兰科含笑属

► 识别要点：

常绿乔木，分枝少。单叶互生，叶较大，长椭圆形或披针状椭圆形，全缘，薄革质，花单生于当年生枝的叶腋内，白色或略带黄色，极香，花期4—9月，夏季最盛。

► 生态习性：

喜光及通风良好的环境，不耐寒，冬季温度不低于5℃，不耐干又不耐湿，喜富含腐殖质、排水良好、疏松肥沃的微酸性砂质壤土。

► 园林用途：

可作盆栽观赏，南方作庭荫树、行道树栽植。是很好的香花植物，也可作切花。

► 易发病虫害：

常见病害有黄化病、炭疽病、根腐病等，常见虫害有红蜡蚧、红蜘蛛、蚱蝉、吹绵蚧等。

油桐

学　　名：*Vernicia fordii*（**Hemel**）.
别　　名：油桐树、桐油树、桐子树、光桐
科　　属：大戟科油桐属

► 识别要点：

落叶乔木，高达10米。树皮灰色，近光滑，枝条粗壮，无毛，具明显皮孔。叶卵圆形，不开裂，叶柄与叶片近等长。花雌雄同株，先叶或与叶同时开放，花瓣白色，有淡红色脉纹。核果近球状。花期3—4月，果期8—9月。

► 生态习性：

喜温暖，忌严寒。冬季气温落差18℃，有利于油桐生长发育。适生于缓坡及向阳谷地、盆地及河床两岸台地。富含腐殖质、土层深厚、排水良好、中性至微酸性砂质壤土最适油桐生长。

► 园林用途：

可作庭荫树、景观树、行道树和生态公益林树种。

► 易发病虫害：

常见病害有烟煤病等，常见虫害有六斑始叶螨、尺蠖等。

紫玉兰

学　　名：***Magnolia liliflora***
别　　名：辛夷、木笔、木兰
科　　属：木兰科木兰属

► 识别要点：

落叶灌木或小乔木。树皮灰褐色，小枝紫褐色。叶椭圆形，先端渐尖，下边沿脉有短柔毛，托叶痕长为叶柄的一半。花叶同放，瓶形，外面紫红色，内面白色，花萼绿色披针形。聚合果圆柱形，淡褐色。花期3—4月，果期8—9月。

► 生态习性：

喜光，不耐阴，较耐寒，喜肥沃、湿润、排水良好的土壤，忌黏质土壤，不耐盐碱，肉质根，忌水湿，根系发达，萌蘖力强。

► 园林用途：

紫玉兰的花“外料料似凝紫，内英英而积雪”，花大而艳，是传统的名贵春季花木。可配植在庭院的窗前和门厅两旁，丛植于草坪边缘，或与常绿乔木、灌木配植。常与山厂配小景，与木兰科其他观花树木配植组成玉兰园。

► 易发病虫害：

常见病害有立枯病、根腐病等，常见虫害有蝼蛄、地老虎等。

阴香

学　　名：***Cinnamomum burmanni***
别　　名：山阴草桂、胶桂
科　　属：樟科樟属

▶ 识别要点：

乔木，高达 14 米。树皮灰褐至黑褐色，有近似肉桂的气味。幼嫩枝梢的气味近似檀香。叶不规则对生或散生，革质，卵形至长椭圆形，顶端短渐尖。花绿白色，组成近顶生或腋生的圆锥花序。果实卵形，果托具有半残存的花被片。花期 3 月，果期冬末及春季。

▶ 生态习性：

喜阳光，常生于肥沃、疏松、湿润而不积水的地方。自播力强，母株附近常有天然苗生长。适应范围广，中亚热带以南地区均能生长良好。

▶ 园林用途：

树冠伞形或近圆球形，株态优美。宜作庭院树和道旁树。阴香对氯气和二氧化硫均有较强的抗性，为理想的防污绿化树种。

▶ 易发病虫害：

常见病害有阴香粉等。

香樟树

学　　名：***Cinnamomum camphora***
别　　名：香樟、乌樟、栲樟
科　　属：樟科樟属

► 识别要点：

常绿大乔木，高达 30 米，胸径可达 3 米。树冠近球形。树皮灰褐色，纵裂，小枝无毛。叶互生，卵状椭圆形，先端尖，基部宽楔形，近圆，叶缘波状，下面灰绿色或黄绿色，有白粉，薄革质，离基三出脉，脉腋有腺体。花序腋生，花小，绿白或带黄色。浆果球形，紫黑色，果托杯状。

► 生态习性：

喜光，幼苗幼树耐阴。喜温暖湿润气候，耐寒性不强，当最低温度为 -10℃时，南京的樟树常遭冻害。在深厚、肥沃、湿润的酸性或中性黄壤、红壤中生长良好，不耐干旱、瘠薄，耐盐碱、耐湿。萌芽力强，耐修剪。

► 园林用途：

树冠圆满，枝叶浓密青翠，树姿壮丽，是优良的庭荫树、行道树树种，也是我国珍贵的造林树种。

► 易发病虫害：

常见病害有白粉病、黑斑病等，常见虫害有樟叶蜂、樟梢卷叶蛾等。

嘉应学院

广玉兰

学　　名：***Magnolia grandiflora*** **Linn.**
别　　名：洋玉兰、荷花玉兰
科　　属：木兰科木兰属

► 识别要点：

常绿乔木。叶厚革质，椭圆形或倒卵状椭圆形，表面深绿色，有光泽，背面密被锈色绒毛。花似荷花状，白色，有芳香。聚合果圆柱形，蓇葖开裂，种子外露，红色。花期5—6月，果期9—10月。

► 生态习性：

阳性树种，幼苗期颇耐阴。喜温暖湿润气候。较耐寒，能经受短期的-19℃低温。在肥沃、深厚、湿润且排水良好的酸性或中性土壤中生长良好。根系深广，颇能抗风。

► 园林用途：

树姿雄伟壮丽，叶大荫浓，花似荷花，芳香馥郁，为美丽的园林绿化观赏树种。宜孤植、丛植或成排种植。广玉兰还能耐烟、抗风，对二氧化硫等有毒气体有较强的抗性，故又是净化空气、保护环境的良好树种。花、叶均可入药或提取香精。

► 易发病虫害：

常见病害有炭疽病、山茶白藻病、干腐病、广玉兰叶斑病等，常见虫害有蚧壳虫等。

银桦

学　　名：***Grevillea robusta***
科　　属：山龙眼科银桦属

► 识别要点：

大乔木，高可达 20 米。树皮暗灰色或暗褐色，具浅皱纵裂。叶二次羽状深裂。总状花序腋生，或排成少分枝的顶生圆锥花序。花橙色或黄褐色。花期 3—5 月，果期 6—8 月。

► 生态习性：

喜光，喜温暖湿润气候。根系发达，较耐旱，不耐寒。在肥沃、疏松、排水良好的微酸性砂质壤土上生长良好。

► 园林用途：

树干通直，高大伟岸，树冠整齐，宜作行道树、庭荫树，亦适合农村“四旁”绿化，宜低山营造速生风景林、用材林。

► 易发病虫害：

常见病害有银桦树心腐病、银桦树白粉病、银桦树锈病等，常见虫害有杨柳光叶甲和舞毒蛾等。

秋枫

学　　名：***Bischofia javanica***
别　　名：茄冬、秋风子、大秋枫
科　　属：大戟科秋枫属

► 识别要点：

常绿或半常绿乔木，高可达 40 米。树冠圆盖形，干通直。叶互生，卵形或椭圆形，圆锥花序顶生，多花，花小，淡绿色，果大球形，熟时呈紫褐色。花期 4—5 月，果期 8—10 月。

► 生态习性：

阳性树种，喜温热湿润气候，耐水湿，不耐寒，对土壤要求不严，以在肥沃、深厚、富含有机质的土壤中生长最旺，根系发达，抗风、抗大气污染，速生。

► 园林用途：

可作为优良行道树、绿荫树和园林风景树，也可作为水源林、防风林和护岸林树种。

► 易发病虫害：

常见虫害有叶蝉等。

梅县新城剑英大道

鹅掌楸

学　　名：***Liriodendron chinense***
别　　名：马褂木、双飘树
科　　属：木兰科鹅掌楸属

► 识别要点：

落叶大乔木，高可达 40 米。树冠阔卵形。小枝灰褐色。叶马褂状，长 4 ～ 18 厘米，叶背苍白色，有乳头状白色粉点。花杯状，黄绿色，外面绿色较多而内面黄色较多。花清香。聚合果纺锤形，翅状小坚果钝尖。花期 5 月，果期 9 — 10 月。

► 生态习性：

中性偏阴树种。喜温暖湿润气候，可耐 -15℃的低温。在湿润、深厚、肥沃、疏松的酸性、微酸性土壤中生长良好，耐旱，忌积水。

► 园林用途：

叶形奇特，秋叶金黄，树形端正挺拔，是珍贵的庭荫树，很有发展前途的行道树，可丛植草坪、列植园路，或与常绿针、阔叶树混交成风景林，也可在居民新村、街头绿地配植各种花灌木点缀秋景。因为上层树，配以常绿花木于其下效果更好。在低海拔地区，与其他树种混植。

► 易发病虫害：

常见病害有白绢病和马褂木叶斑病等，常见虫害有卷叶蛾、大袋蛾等。

面包树

学　　名：***Artocarpus incisa***
别　　名：罗蜜树、马槟榔、面磅树
科　　属：桑科菠萝蜜属

► 识别要点：

常绿乔木，株高 10 ～ 15 米。叶卵形或卵状椭圆形，长 10 ～ 50 厘米，两侧多为 3 ～ 8 羽状裂，裂片披针形，先端渐尖，全缘无毛，托叶披针形，先端渐尖，全缘，无毛。

► 生态习性：

喜光喜温，不耐严寒。

► 园林用途：

叶大荫浓，十分美观，可作庭荫树和行道树。

► 易发病虫害：

无严重病虫害。

深山含笑

学　　名：***Michelia maudiae*** **Dunn.**
别　　名：光叶白兰花、莫夫人含笑花
科　　属：木兰科含笑属

► 识别要点：

常绿乔木，高 20 米。树皮浅灰或灰褐色，平滑不裂。芽、幼枝、叶背均被白粉。叶互生，革质，全缘，深绿色，叶背淡绿色，长椭圆形，先端急尖。花白色，有芳香，长 5～7 厘米。聚合果长 7～15 厘米，种子红色。花期 2—3 月，果期 9—10 月。

► 生态习性：

喜温暖湿润环境，有一定耐寒能力。喜光，幼时较耐阴。抗干热，对二氧化硫的抗性较强。喜土层深厚、疏松、肥沃而湿润的酸性砂质壤土。根系发达，萌芽力强。

► 园林用途：

树冠优美，花大而洁白，素雅芳香，春节前后开花，花多且花期长，是优良的木本花卉和园林庭荫树、风景树树种，大树可孤植于草坪中或列植于道路两旁，也可作为生态林以及工矿企业周围防护林树种。

► 易发病虫害：

常见病害有根腐病、茎腐病、炭疽病等，常见虫害有蚧壳虫、凤蝶等。

杜鹃红山茶

学　　名：***Camellia azalea Wei***
别　　名：杜鹃茶、四季茶
科　　属：山茶科山茶属

► 识别要点：

常绿灌木或小乔木。株型紧凑，老枝光滑。叶倒卵形，表面光亮碧绿。枝顶以下基本一腋一花，花艳红色或粉色，无花梗，花在枝上自下而上渐次开放，整个植株形成连续开花的现象。

► 生态习性：

一般分布在林冠下层，为半阳性树种，较为耐阴。

► 园林用途：

是一种观赏价值极高的名贵木本花卉品种，具有花大、鲜艳、叶片独特、树冠优美的特征。

► 易发病虫害：

常见病害有根腐病、叶斑病等，常见虫害有冠网蝽和红蜘蛛等。

樱花

学　　名：***Cerasus***
别　　名：山樱花、福岛樱
科　　属：蔷薇科樱属

► 识别要点：

落叶小乔木。叶子要等到花期快结束时才长出来。树皮灰色，光滑而有光泽，具横纹。小枝无毛。叶卵形至卵状椭圆形，单叶互生，边缘具芒齿，两面无毛。伞房状或总状花序，花白色或淡粉红色。核果球形，黑色。花期4月，果期5月。

► 生态习性：

喜光，喜肥沃、深厚且排水良好的微酸性土壤，中性土壤也能适应，不耐盐碱。耐寒，喜空气湿度大的环境。根系较浅，忌积水与低湿。对烟尘和有害气体的抵抗力较差。

► 园林用途：

植株优美漂亮，叶片油亮，花朵鲜艳亮丽，是园林绿化中优秀的观花树种。被广泛用于绿化道路、小区、公园、庭院、河堤等地，绿化效果明显。

► 易发病虫害：

常见病害有流胶病和根瘤病等，常见虫害有蚜虫、红蜘蛛、蚧壳虫等。

木荷

学　　名：***Schima superba***
别　　名：荷树、荷木、木艾树
科　　属：山茶科木荷属

► 识别要点：

大乔木，树冠广圆形。树皮灰褐色，深纵裂。叶椭圆形或卵状椭圆形，深绿色，边缘具钝锯齿。花白色，芳香，径长约 3 厘米，蒴果近扁球形，木质，黄褐色。花期 6—8 月，果期 9—10 月。

► 生态习性：

喜湿润环境，常生于土层深厚、富含腐殖质的酸性红、黄壤山地林中。幼苗需荫蔽，忌水淹。

► 园林用途：

树冠宽展，叶绿荫浓，秋日开乳白色花，入冬部分叶色转红，倍添冬姿。可作庭荫树或用于营造风景林，亦可作防火林。

► 易发病虫害：

常见病害有褐斑病等。

白千层

学　　名：***Melaleuca leucadendron***
别　　名：脱皮树、千层皮、玉树
科　　属：桃金娘科白千层属

► 识别要点：

常绿乔木，属热带树种。树皮灰白色，厚而疏松，薄片状层层剥落。叶互生，全缘。穗状花序顶生，长达 15 厘米，花小白色，花后花序轴伸长，成为有叶的新枝。

► 生态习性：

阴性树种，喜温暖潮湿环境，要求阳光充足，适应性强，能耐干旱、高温及瘠薄土壤，亦可耐轻霜及短期 0℃左右低温，对土壤要求不严。

► 园林用途：

树皮白色、美观，并具芳香，可作屏障树或行道树。

► 易发病虫害：

常见病害有根腐病等，常见虫害有地老虎、大蟋蟀、绿象鼻等。

桃树

学　　名：***Amygdalus persica***
科　　属：蔷薇科桃属

► 识别要点：

落叶小乔木，高 3 ～ 8 米。叶为窄椭圆形至披针形，边缘有细齿，花单生，从淡粉至深粉或红色，有时为白色，早春开花，近球形核果，表面有茸毛，肉质可食，为橙黄泛红色。

► 生态习性：

抗干旱、耐瘠薄树种，对土壤适应性强。生长季应及时中耕松土，保持土壤疏松、透气、无杂草。一般无须浇水，但过度干旱时应适时浇水。

► 园林用途：

观赏花用桃树，有多种形式的花瓣。

► 易发病虫害：

常见病害有桃细菌性穿孔病、桃疮病等，常见虫害有蚧壳虫、红蜘蛛、蝽类、蚜虫等。

碧桃

学　　名：***Prunus persica* f. *rubro-plena***
别　　名：红花碧桃
科　　属：蔷薇科桃属

► 识别要点：

亚乔木，株高 3 ～ 8 米。有主干，分枝点较低，冠形开展。单叶互生，条状披针形，具细齿，先端尖锐，花白色和粉红色，花瓣 5 枚，花期 3—4 月。核果椭圆形，熟后呈橙褐色，自然脱落。

► 生态习性：

阳性喜光，耐寒耐旱，苗期不耐水涝，短期冻稍发生后会在当年被邻近侧枝替代，不影响主干形成。

► 园林用途：

多与常绿树种，如柳树等相配植，营造出花红柳绿的意境。

► 易发病虫害：

常见病害有流胶病，常见虫害有天幕毛虫等。

串钱柳

学　　名：***Callistemon viminalis***
别　　名：垂枝红千层、瓶刷子树、多花红千层、红瓶刷、金宝树、刷毛桢
科　　属：桃金娘科红千层属

► 识别要点：

小乔木或常绿灌木，树皮褐色。花序穗状，红色。叶披针形，细长如柳，叶片内透明腺点小而多，树枝和花序柔软下垂。木质蒴果。

► 生态习性：

喜暖热气候，能耐烈日酷暑，不耐阴，喜肥沃潮湿的酸性土壤，也能耐瘠薄干旱的土壤，在抗寒抗逆等综合性状方面有显著优势。

► 园林用途：

树姿飘逸，形同垂柳，又有红色花序相映衬，故别具一格，适合作庭院观赏树、行道树。

► 易发病虫害：

常见病害有黑斑病等。

海南蒲桃

学　　名：***Syzygium cumini***
别　　名：子楝树、乌木、乌口树、乌贯木、乌墨、黑墨树
科　　属：桃金娘科蒲桃属

► 识别要点：

常绿乔木，株高15米。叶革质，椭圆形至长椭圆形，长6～12厘米，先端钝或渐尖，基部宽楔形，侧脉多，具边脉。圆锥花序，花小，白色，萼裂片不明显或脱落。果长椭圆形至壶形，紫色至黑色。

► 生态习性：

喜光，喜温暖高温气候，不耐干旱和寒冷，对土质要求不严。抗风力强。播种繁殖。

► 园林用途：

树干通直挺拔，枝繁叶茂，抗风力强，可作优良行道树和庭院风景树种。

► 易发病虫害：

常见病害有炭疽病、果腐病等，常见虫害有金龟子、蚧壳虫、毒蛾、蚜虫、避债蛾、蓟马、瘿蚊等。

梅花

学　　名：***Armeniaca mume***
别　　名：酸梅、黄仔、合汉梅
科　　属：蔷薇科杏属

► 识别要点：

小乔木或稀灌木。叶片卵形或椭圆形，花单生，香味浓，先于叶开放。果实近球形，黄色或绿白色，花期冬、春季，果期5—6月。

► 生态习性：

喜温暖气候，耐寒性不强，较耐干旱，不耐水涝。寿命长，可达千年。花期对气候变化特别敏感，喜空气湿度较大，但花期忌暴雨。

► 园林用途：

不但露地栽培可供观赏，还可以盆栽，制作梅桩。

► 易发病虫害：

常见病害有白粉病、缩叶病、炭疽病等，常见虫害有卷叶蛾、蚜虫等。

归读公园

阿江榄仁

学　　名：***Terminalia arjuna***
别　　名：三果木、柳叶榄仁
科　　属：使君子科诃子属

► 识别要点：

落叶大乔木，高可达 25 米。树皮呈绿色或淡红色，厚而平滑。叶片革质，长椭圆形或卵状长椭圆形。花绿白色，有浓厚芳香。核果倒卵状，熟时黑褐色。

► 生态习性：

喜温暖湿润、光照充足的气候环境，耐寒性较好。喜疏松、湿润、肥沃土壤，可耐较高地下水位。根系发达，具有较好的抗风性。

► 园林用途：

可作为园林绿化树种，具有较好的观赏价值。

► 易发病虫害：

常见虫害有刺蛾等。

蝴蝶果

学　　名：***Cleidiocarpon cavaleriei***
别　　名：密壁、猴果、山板栗、红翅槭
科　　属：大戟科种寡属

► 识别要点：

常绿乔木，高达30米。叶集生于小枝顶端，椭圆形或长圆状椭圆形，全缘。圆锥花序顶生。花单性同序，雄花较小，在上部；雌花较大，1～6朵，在下部。果实核果状，单球形或双球形，种子近球形。花期4 — 5月，果期5 — 11月。

► 生态习性：

喜光，喜温暖湿润气候，耐寒，但抗风性较差。

► 园林用途：

树形美观，枝叶浓绿，是城镇绿化的好树种。

► 易发病虫害：

抗逆性强，较少感染病虫害。

椤木石楠

学　　名：***Photinia davidsoniae***
别　　名：椤木、水红树花
科　　属：蔷薇科石楠属

► 识别要点：

常绿乔木，株高 6 ～ 15 米。幼枝黄红色，后成紫褐色，有稀疏平贴柔毛，老时灰色，无毛，有时具刺。叶片革质，长圆形、倒披针形，或稀为椭圆形。果实球形或卵形，直径 7 ～ 10 毫米，黄红色，无毛，种子 2 ～ 4 枚，卵形，长 4 ～ 5 毫米，褐色。花期 5 月，果期 9—10 月。

► 生态习性：

喜温暖湿润和阳光充足的环境。适宜深厚、肥沃和排水良好的砂质壤土。耐寒、耐阴、耐干旱，不耐水湿。

► 园林用途：

树冠整齐，耐修剪，可根据需要进行造型，是园林和小庭院中很好的骨干树种，特别耐大气污染，适用于工矿区配植。

► 易发病虫害：

常见病害有叶斑病等，常见虫害有蚧壳虫、白粉病等。

吊瓜树

学　　名：***Kigelia africana***
别　　名：吊灯树
科　　属：紫葳科吊灯树属

► 识别要点：

常绿乔木，株高 13 ～ 20 米。主干粗壮，树冠广圆形或馒头形。奇数羽状复叶。圆锥花序长而悬垂，花紫红色，有特殊气味。果近圆柱形，坚实粗大。花期 4—5 月，果期 9—10 月。

► 生态习性：

喜光，喜温暖湿润气候，速生，耐粗放管理。

► 园林用途：

美化园林树种，可供观赏，亦可作行道树。

► 易发病虫害：

少见病虫害。

石栗

学　　名：***Aleurites moluccana***
别　　名：烛果树、油桃、黑桐油树
科　　属：大戟科石栗属

► 识别要点：

常绿乔木。树冠广卵形，干通直，嫩枝叶被灰褐色星状柔毛，叶互生，卵形，圆锥花序顶生，有许多花，花期 4—7 月，果期 9—11 月。

► 生态习性：

阳性树种，喜温热湿润气候，耐旱，不耐寒，以肥沃、深厚、富含有机质砂质壤土生长最旺，抗风，速生。

► 园林用途：

可作庭荫树、景观树、行道树以及生态公益林。

► 易发病虫害：

常见病害有细菌、真菌性病害等，常见虫害有蚜虫等。

阔荚合欢

学　　名：***Albizia lebbeck***
科　　属：豆科合欢属

► 识别要点：

落叶乔木，株高 8 ～ 12 米。树皮粗糙，嫩枝密被短柔毛，老枝无毛。二回羽状复叶，总叶柄近基部及叶轴上羽片着生处均有腺体，叶轴被短柔毛或无毛。花芳香，花冠黄绿色，荚果带状。花期 5—9 月，果期 10 月至翌年 5 月。

► 生态习性：

现广植于热带、亚热带地区。

► 园林用途：

生长迅速，枝叶茂密，为良好的庭院观赏植物及行道树种。

► 易发病虫害：

常见病害有合欢枯萎病等，常见虫害有合欢羞木虱等。

南洋楹

学　　名：***Albizia falcataria***
别　　名：仁仁树、仁人木
科　　属：豆科合欢属

▶ 识别要点：

常绿大乔木，高 15 ～ 25 米。羽片 6 ～ 20 对，上部通常对生，下部有时互生。穗状花序腋生，单生或数个组成圆锥花序。荚果带形，熟时开裂，种子多枚。花期 4—7 月。

▶ 生态习性：

阳性树种，不耐阴，喜暖热多雨气候及肥沃湿润土壤。有根瘤菌，具固氮作用。

▶ 园林用途：

生长迅速，树形美观，可作庭院绿荫树种栽植，也是良好的经济林木。

▶ 易发病虫害：

常见病害有幼苗猝倒病等，常见虫害有尺蠖幼虫、小金龟子等。

菠萝蜜

学　　名：***Artocarpus heterophyllus***
别　　名：木菠萝、大树菠萝、树菠萝
科　　属：桑科波罗蜜属

► 识别要点：

常绿乔木，株高 10 ～ 20 米，胸径达 30 ～ 50 厘米。老树常有板状根。叶革质，螺旋状排列，椭圆形或倒卵形。花雌雄同株，花序生于老茎或短枝上。聚花果椭圆形至球形，成熟时黄褐色，表面有坚硬六角形瘤状凸体和粗毛，核果长椭圆形。花期 3 — 8 月，果期 6 — 11 月。

► 生态习性：

喜热带气候。适生于无霜、年降雨量充沛的地区。喜光，生长迅速，幼时稍耐阴，喜深厚肥沃土壤，忌积水。

► 园林用途：

是优良的观赏树种、庭院行道树和污染区的绿化树种。

► 易发病虫害：

常见病害有炭疽病、果腐病、软腐病等，常见虫害有钻心螟虫、埃及吹绵蚧等。

雅榕

学　　名：*Ficus concinna* Miq.
别　　名：小叶榕
科　　属：桑科榕属

► 识别要点：

常绿乔木，株高 15 ～ 20 米，胸径 25 ～ 40 厘米。树皮深灰色，有皮孔。叶狭椭圆形，长 5 ～ 10 厘米，宽 1.5 ～ 4 厘米，全缘。榕果成对腋生或 3 ～ 4 个簇生于无叶小枝叶腋内，球形，直径 4 ～ 5 毫米，榕果无总梗或不超过 0.5 毫米。花果期 3—6 月。

► 生态习性：

喜温暖，生长适温为 20℃～ 25℃。耐高温，温度 30℃以上时也能生长良好。不耐寒，安全的越冬温度为 5℃。喜明亮的散射光，有一定的耐阴能力，不耐强烈阳光暴晒。

► 园林用途：

树性强健，绿荫蔽天，为低维护性高级遮阴树、行道树、园景树、防火树、防风树、绿篱树树种，可修剪造型。单植、列植或群植于庭院、校园、公园、游乐区、庙宇等地。

► 易发病虫害：

常见病害有叶枯病，常见虫害有木虱等。

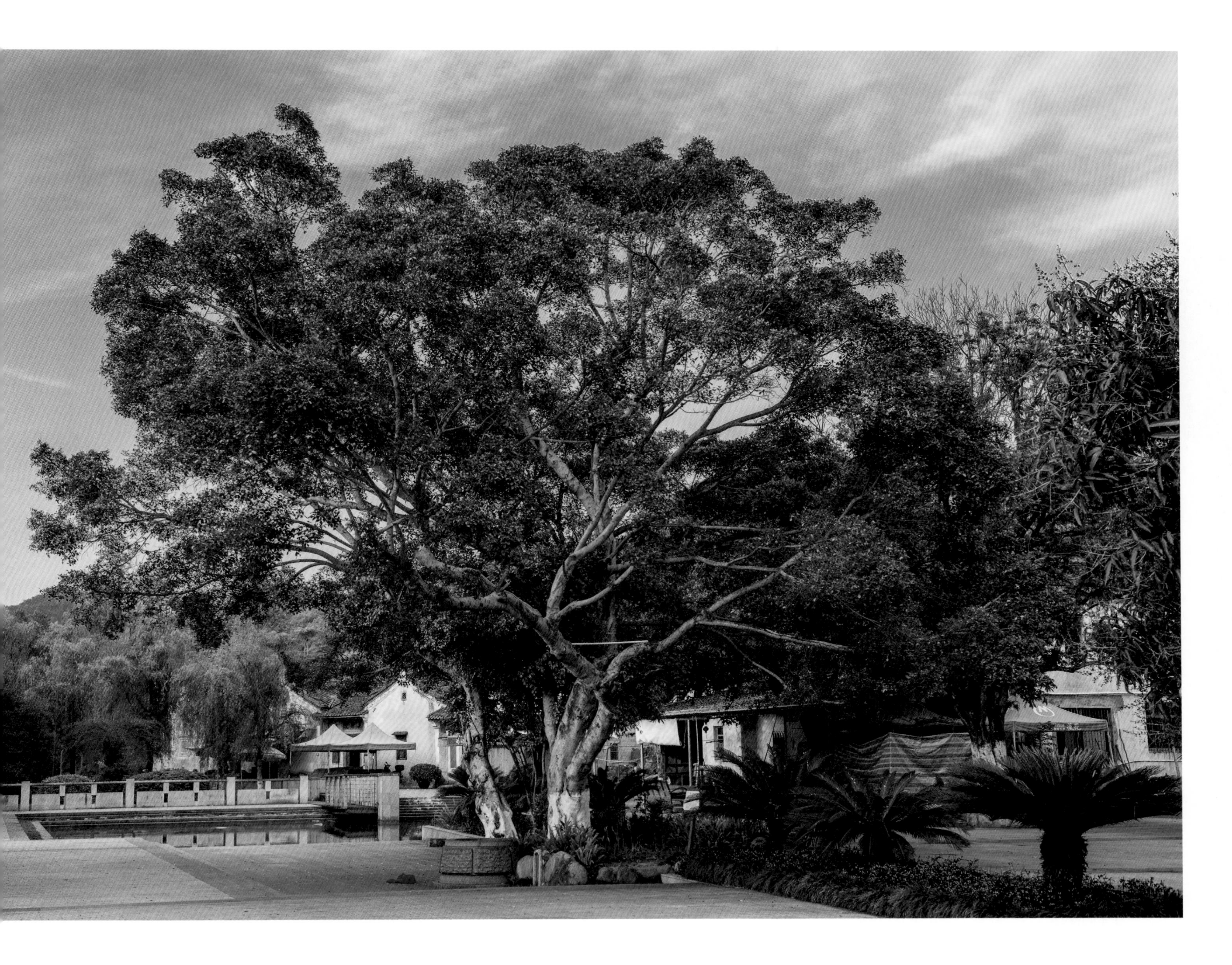

叶剑英故居

银叶金合欢

学　　名：***Acacia podalyriifolia***
别　　名：珍珠相思、昆士兰银条
科　　属：豆科金合欢属

► 识别要点：

灌木或小乔木，高 2 ～ 4 米。树皮粗糙，褐色，多分枝。二回羽状复叶，长 2 ～ 7 厘米，叶轴槽状，被灰白色柔毛，有腺体。羽毛 4 ～ 8 对，小叶通常 10 ～ 20 对，线状长圆形。头状花序 1 或 2 ～ 3 个簇生于叶腋。花黄色，有香味。荚果膨胀，圆柱状。种子多颗，褐色，卵形。花期 3 — 6 月，果期 7 — 11 月。

► 生态习性：

喜阳光。适宜所有排水性良好的土壤，包括贫瘠的土壤。适宜温暖的气候。能耐旱。在温带、亚热带及半干旱地区都能生长。

► 园林用途：

枝条密集，可修剪成球形、伞形、柱形等各种形状，适宜种植在草坪、庭院或用作道路中间绿化带。

► 易发病虫害：

抗逆性强，较少感染病虫害。

羊蹄甲

学　　名：***Bauhinia purpurea***
别　　名：玲甲花
科　　属：豆科羊蹄甲属

识别要点：

乔木或直立灌木，株高 7 ～ 10 米。树皮厚，近光滑，灰色至暗褐色，叶硬纸质，近圆形，基部浅心形，先端分裂达叶长的 1/3 ～ 1/2。总状花序侧生或顶生，花瓣桃红色，荚果带状，扁平。花期 9 — 11 月，果期 2 — 3 月。

生态习性：

喜阳光和温暖潮湿环境，不耐寒。

园林用途：

可作行道树或绿化树。

易发病虫害：

常见病害有羊蹄甲角斑病、羊蹄甲枯萎病等。

海南红豆

学　　名：***Ormosia pinnata***
别　　名：大萼红豆、羽叶红豆
科　　属：豆科红豆属

► 识别要点：

常绿乔木，高达3～18米。叶厚重，色浓绿，具光泽。圆锥花序顶生，花冠淡粉红色带黄白色或白色。果实为荚果，内有红色的种子。

► 生态习性：

喜温暖湿润、光照充足的环境。

► 园林用途：

枝叶茂密，给人质地滞重的感觉，可作中心树或与质地轻逸的树搭配，达到一种层次分明的效果。

► 易发病虫害：

常见病害有根腐病等，常见虫害有砂蛀蛾等。

鸡冠刺桐

学　　名：***Erythrina crista-galli***
别　　名：巴西刺桐、鸡冠豆
科　　属：豆科刺桐属

► 识别要点：

半落叶小乔木。叶长卵形，羽状复叶，奇数，腋生，总状花序，花冠橙红色，荚果长10～30厘米，内有种子3～6枚。花期4—7月。

► 生态习性：

喜高温多湿和阳光充足环境，不耐寒，稍耐阴，宜在排水良好、肥沃的砂质壤土中生长。

► 园林用途：

孤植、群植、列植于草坪上、道路旁、庭院中，或与其他花木配植。

► 易发病虫害：

常见病害有烂皮病、鸡冠刺桐叶斑病等，常见虫害有刺桐姬蜂等。

枫香树

学　　名：***Liquidambar formosana***
别　　名：九孔子、枫树、大叶枫
科　　属：金缕梅科枫香树属

► 识别要点：

落叶乔木，高达30米，胸径最大可达1米。树干通直，树冠圆锥卵形，叶互生，纸质至薄革质。花单性同株，无花被，黄绿色。果序圆球状，有刺。花期3—4月，果10月成熟。

► 生态习性：

阳性树种，喜温暖湿润气候，耐旱，较耐寒，适应性强，对土壤要求不严，但以日照足、通风好、排水良好土壤为佳，能抗风、抗大气污染，速生。

► 园林用途：

可作庭荫树、景观树、防风林和厂矿防污树。

► 易发病虫害：

常见虫害有棕色天幕毛虫等。

红花荷

学　　名：***Rhodoleia championii***

别　　名：吊钟王

科　　属：金缕梅科红花荷属

► 识别要点：

常绿乔木，高可达 12 米。叶厚革质，卵形。头状花序，长 3 ～ 4 厘米，常弯垂，红色。蒴果卵圆形，无宿存花柱，果皮薄木质，种子扁平，黄褐色。花期 3 — 4 月。

► 生态习性：

中性偏阳树种，幼树耐阴，成年后较喜光。要求年平均温度为 19℃～ 22℃，能耐绝对低温 -4.5℃。适宜种植于近水、阳光充足而有遮蔽的地方。

► 园林用途：

树姿优美，花多且艳，是城市园林中理想的早春观花树种。

► 易发病虫害：

无严重病虫害。

长梗柳

学　　名：***Salix dunnii***
别　　名：邓柳
科　　属：杨柳科柳属

识别要点：

小乔木或灌木。叶椭圆形，或椭圆状披针形，长 2.5 ～ 4 厘米，宽 1.5 ～ 2 厘米，先端钝圆或急尖。花期 4 月，果期 5 月。

生态习性：

生于溪旁、林下，喜湿润通风环境，喜阳。

园林用途：

可孤植或列植于溪边湿地。

易发病虫害：

无严重病虫害。

黄果朴

学　　名：***Celtis sinensis***
别　　名：木瓜娘、白麻子、垂珠树
科　　属：榆科朴属

► 识别要点：

落叶乔木，高达 27 米。叶多为卵形或卵状椭圆形，基部几乎不偏斜或仅稍偏斜，先端尖至渐尖，但不为尾状渐尖，果也较小，花期 3 — 4 月，果期 9 — 10 月。

► 生态习性：

喜温暖湿润气候，适生于肥沃平坦之地。对土壤要求不严，有一定耐旱能力，亦耐水湿及瘠薄土壤，适应力较强。

► 园林用途：

属行道树品种，主要用于绿化道路，栽植于公园小区，作景观树等。

► 易发病虫害：

常见病害有白粉病、煤污病等，常见虫害有木虱、红蜘蛛等。

杨梅

学　　名：***Myrica rubra***
别　　名：圣生梅、白蒂梅、树梅
科　　属：杨梅科杨梅属

► 识别要点：

常绿乔木。枝叶密生，叶面富光泽，深绿色，叶背淡绿色，叶面、叶背平滑无毛。雌雄异株，雄花序，紫红色。果较大，圆球形。花期3—4月，果期6—7月。

► 生态习性：

喜温暖湿润气候，忌积水，耐旱、耐阴，怕风，对土壤适生性强。对二氧化硫、氯气等有毒气体抗性较强，抗火力也强。

► 园林用途：

可作遮阴树、观赏树和园林绿化树种，也是水源涵养林、防火林的优良树种。

► 易发病虫害：

常见病害有褐斑病、干枯病、枝腐病、赤衣病等，常见虫害有蓑蛾、小细蛾、尺蠖、毒蛾、拟小黄卷叶蛾及吸果夜蛾等。

琴叶榕

学　　名：***Ficus pandurata***
别　　名：琴叶橡皮树
科　　属：桑科榕属

► 识别要点：

常绿乔木，高 1 ～ 2 米，茎干直立。嫩叶幼时被白色柔毛，叶柄疏被糙毛。雄花有柄，生榕果内壁口部，雌花花被片 3 ～ 4，椭圆形，花柱侧生，细长，柱头漏斗形。花期 6—8 月。

► 生态习性：

喜温暖湿润和阳光充足环境，对水分的要求是宁湿勿干。原产西非塞拉利昂至摩洛哥等低地热带雨林，广泛栽培于热带、亚热带地区。

► 园林用途：

是当今国内外较为流行的庭院树、行道树、盆栽树。

► 易发病虫害：

常见病害有疫腐病等。

亚里垂榕

学　　名：***Ficus binnendijkil***
别　　名：柳叶榕、竹叶榕
科　　属：桑科榕属

► 识别要点：

小乔木或常绿灌木，是长叶榕的栽培品种。高可达 6 米。叶互生，线状披针形，革质，叶面曲角，主脉突出，淡红色叶片下垂状。

► 生态习性：

喜半阴、温暖湿润气候。较耐寒，较喜肥，耐水湿。露地种植或盆栽，均宜施足基肥。

► 园林用途：

盆景适于展厅、博物馆、高级宾馆等处摆放，价格昂贵。抗有害气体及烟尘能力强，宜作行道树，于工矿区、广场、森林公园等处种植，雄伟壮丽。

► 易发病虫害：

无严重病虫害。

铁冬青

学　　名：***Llex rotunda***
别　　名：救必应、熊胆木、白银香
科　　属：冬青科冬青属

► 识别要点：

乔木或常绿灌木，高可达20米，胸径达1米。叶仅见于当年生枝上，叶片薄革质或纸质，卵形、倒卵形或椭圆形，先端短渐尖，基部楔形或钝，全缘，稍反卷。花期4月，果期8—12月。

► 生态习性：

耐阴树种，喜生于温暖湿润气候和疏松、肥沃、排水良好的酸性土壤中。适应性较强，耐瘠、耐旱、耐霜冻。

► 园林用途：

枝繁叶茂，四季常青，果熟时红若丹珠，赏心悦目，是理想的园林观赏树种。

► 易发病虫害：

病虫害较少，只有食叶性昆虫会危害中上部嫩叶。

印度胶榕

学　　名：***Ficus elastica***
别　　名：印度榕、印度胶树
科　　属：桑科榕属

► 识别要点：

常绿乔木。叶宽大具长柄，厚革质，亮绿色，长椭圆或矩圆形，先端渐尖，边全缘。幼芽红色，具苞片。

► 生态习性：

喜温暖湿润气候。要求肥沃土壤。喜光，亦耐阴。不耐寒冷，生长适温为 20℃～ 35℃。冬季温度低于 5℃～ 8℃时易受冻害。

► 园林用途：

叶大光亮，四季常青，为常见的观叶植物。适宜盆栽。在华南地区可露地栽培作风景树或行道树。

► 易发病虫害：

常见病害有炭疽病等，常见虫害有橡胶榕斑蛾等。

黄皮

学　　名：***Clausena lansium***
别　　名：黄弹、黄枇、黄皮子、王坛子
科　　属：芸香科黄皮属

乔木类

► 识别要点：

常绿乔木，高达 12 米。树冠开展，树皮灰褐色，粗糙有纵裂。树干与老枝上密生有小粒状突起，小枝幼时被短柔毛。叶为奇数羽状复叶，小叶 5 ～ 11 片，互生，常为长卵形，先端尖，或为棱形，叶表面浓绿色，背面淡绿色，叶片上有半透明的小腺点。花枝、花轴及叶轴等部有集生成簇的丛状毛。

► 生态习性：

喜温暖湿润气候，一般年平均气温在 20℃以上，全年雨量在 1 400 毫米以上的地方都适宜栽培。喜半阴，常与高大树种混植。

► 园林用途：

树冠浓绿，树姿优美，开花时香气袭人，常种植于庭院中供观赏。

► 易发病虫害：

常见病害有炭疽病和煤污病等，常见虫害有蚜虫和蚧壳虫等。

麻楝

学　　名：***Chu krasia tabularis***
别　　名：阴麻树、白皮香椿
科　　属：楝科麻楝属

► 识别要点：

常绿乔木，高达38米，胸径1.7米，树冠卵形。树干通直，树皮灰褐色，小枝赤褐色，具白色皮孔。偶数羽状复叶互生，小叶10～18片，卵形至矩圆状披针形，长7～12厘米，全缘。顶生圆锥花序，花黄色带紫。蒴果近球形，灰褐色。花期5—6月，果期10月至翌年2月。

► 生态习性：

喜光，幼树耐阴。适生于湿润、疏松、肥沃的土壤中。耐寒性差，幼树在0℃以下即受冻害，速生。

► 园林用途：

树姿雄伟，适宜用作庭荫树和行道树。

► 易发病虫害：

常见病害有幼苗猝倒病等，常见虫害有楝梢螟等。

非洲桃花心木

学　　名：***Khaya senegalensis***
别　　名：非洲楝、卡雅楝
科　　属：楝科非洲楝属

► 识别要点：

常绿乔木，高可达 30 米，胸径 2.7 米。树冠阔卵形，树干粗大，树皮灰白色，平滑或呈斑驳鳞片状。叶为偶数羽状复叶，小叶互生，3 ～ 4 对，光滑无毛，革质全缘，深绿色，长圆形至长椭圆形，长 6 ～ 12 厘米，宽 2 ～ 5 厘米。圆锥花序腋生，花白色。蒴果球形，种子带翅。

► 生态习性：

喜温暖气候，喜阳光，较耐旱，但在湿润深厚、肥沃和排水良好的土壤中生长良好。适应性强，较易栽植，生长较快。

► 园林用途：

可作公园、庭院绿化树和行道树。

► 易发病虫害：

无严重病虫害。

龙眼

学　　名：***Dimocarpus longan***
别　　名：桂圆、荔枝奴、亚荔枝
科　　属：无患子科龙眼属

识别要点：

常绿乔木。具板根。羽状复叶，小叶薄革质，长圆状椭圆形。花序大型，顶生和近枝顶腋生，花瓣乳白色。果近球形。花期春、夏间，果期夏季。

生态习性：

喜高温多湿，温度是影响其生长、结果的主要因素，一般年平均温度超过20℃的地方，均能使龙眼生长发育良好。耐旱、耐酸、耐瘠、忌浸，在红壤丘陵地、干旱平地生长良好。

园林用途：

栽培品种甚多，也常于庭院种植。

易发病虫害：

常见病害有炭疽病、叶斑病等，常见虫害有木虱、白蛾蜡蝉等。

大叶桃花心木

学　　名：***Swietenia macrophylla***
别　　名：美洲红木
科　　属：楝科桃花心木属

► 识别要点：

常绿乔木，高 25 米以上。树冠圆球形，树皮红褐色，片状剥落。偶数羽状复叶，小叶 6～12 片，卵形或卵状披针形，长 10～16 厘米，两侧不对称。圆锥花序顶生或腋生，长 13～19 厘米，花小，黄绿色。蒴果木质，卵状矩圆形，栗褐色。花期 3—4 月，果实翌年 3—4 月成熟。

► 生态习性：

喜光，喜温暖湿润气候，生长适温为 25℃～30℃，幼苗能耐 1℃低温，适宜土层深厚、肥沃、排水良好的沙壤土。

► 园林用途：

枝叶繁茂，树形美观，是优良的庭荫树和行道树。

► 易发病虫害：

常见病害有猝倒病、根腐病、茎腐病等，常见虫害有奎宁刺育蜷、象鼻虫等。

南酸枣

学　　名：***Choerospondias axillaris***
别　　名：五眼果、酸枣树、货郎果、连麻树
科　　属：漆树科南酸枣属

乔木类

► 识别要点：

落叶乔木，高 8 ～ 20 米，胸径 1.5 米，树冠球形至扁球形。树干端直，树皮灰褐色，条片状剥落。奇数羽状复叶互生，小叶 7 ～ 15 片，对生，卵状披针形，长 4 ～ 12 厘米，全缘。花杂性异株，淡紫红色，雄花和假两性花排成聚伞状圆锥花序，长 4 ～ 10 厘米，雌花单生于叶腋，核果椭圆形，黄色。花期 4 月，果期 8—10 月。

► 生态习性：

喜光，略耐阴，喜温暖湿润气候，不耐寒，适生于深厚肥沃且排水良好的酸性或中性土壤中，不耐水涝。

► 园林用途：

干直荫浓，是较好的庭荫树和行道树，适宜在各类园林绿地中孤植或丛植。

► 易发病虫害：

常见虫害有避债蛾等。

荔枝

学　　名：***Litchi chinensis***
别　　名：丹荔、丽枝、离枝
科　　属：无患子科荔枝属

识别要点：

常绿乔木，株高 8 ～ 20 米。茎上多分枝，灰色。偶数羽状复叶互生，叶片披针形或矩圆状披针形。春季开绿白色或淡黄色小花，圆锥花序，花杂性。核果球形或卵形，果皮暗红色，有小瘤状突起。种子外被白色、肉质、多汁、甘甜的假种皮，易与核分离。种子矩圆形，褐色至黑红色，有光泽。

生态习性：

喜高温高湿，喜光向阳，其遗传性又要求花芽分化期有相对低温，但最低气温在 -4℃～ -2℃又会遭受冻害，开花期以天气晴朗温暖而不干热最为有利。湿度过低，阴雨连绵，天气干热或强劲北风均不利于开花授粉。

园林用途：

树干通直，枝叶广展，绿荫稠密，是绿化的优良观花、观果树种。

易发病虫害：

常见病害有霜霉病、毛毡病等，常见虫害有椿象、尺蠖、卷叶蛾等。

芒果

学　　名：***Mangifera indica***
别　　名：马蒙、莽果、望果
科　　属：漆树科杧果属

► 识别要点：

常绿乔木，高 10 ～ 20 米。树冠浓密，球形。叶矩圆状或卵状披针形，长 7 ～ 30 厘米，先端渐尖或钝尖，基部楔形或近圆形，边缘波状，叶脉特别明显，叶常集生于枝端。花淡黄色，芳香。果长卵形表面微扁，长 5 ～ 10 厘米，熟时黄色、橙黄色，芳香。花期 11 月至次年 2 月，果期 5—9 月。

► 生态习性：

喜光，幼苗喜阴，喜温暖，能耐 43℃高温，不耐寒。

► 园林用途：

宜作庭荫树遮阴、观花、观果，也可作行道树、公路树，又是郊区“四旁”绿化树种。

► 易发病虫害：

常见病害有流胶病、蒂腐病、白粉病、霜疫霉病、细菌性角斑病、煤污病和烟霉病等，常见虫害有红蜘蛛、桔小实蝇、蚧壳虫等。

红枫

学　　名：*Acer palmatum*
别　　名：紫红鸡爪槭、红枫树、红叶
科　　属：槭树科槭树属

► 识别要点：

落叶小乔木，株高 2～4 米。树姿开张，小枝细长。树皮光滑，灰褐色。单叶交互对生，常丛生于枝顶。叶掌状深裂，裂片 5～9，裂深至叶基，裂片长卵形或披针形，叶缘锐锯齿。春、秋季叶红色，夏季叶紫红色。嫩叶红色，老叶终年紫红色。伞房花序，顶生，杂性花。翅果，幼时紫红色，成熟时黄棕色，果核球形。花期 4—5 月，果期 10 月。

► 生态习性：

性喜阳光，怕暴晒，喜温暖湿润气候，较耐寒，稍耐旱。不耐水涝，适生于肥沃、疏松、排水良好的土壤。

► 园林用途：

重要的园林有色叶树种，也是众多槭树中的著名树种。红枫树形优雅，姿态婆娑，叶形纤秀，叶色艳丽。

► 易发病虫害：

常见病害有褐斑病、白粉病、锈病等，常见虫害有金龟子、刺蛾、蚜虫等。

银杏

学　　名：***Ginkgo biloba***
别　　名：白果、公孙树
科　　属：银杏科银杏属

► 识别要点：

落叶大乔木，不规则纵裂。叶互生，有细长的叶柄，扇形，两面淡绿色，秋季落叶前变为黄色。球花雌雄异株。种子近圆球形。花期4月，果期10月。

► 生态习性：

以中性或微酸性土壤最为适宜，不耐积水之地，较耐旱，但在过于干燥及多石山坡或低湿之地生长不良。初期生长较慢，萌蘖性强。

► 园林用途：

可用于园林绿化树、行道树、公路树，或可作田间林网、防风林带。

► 易发病虫害：

常见病害有茎腐病、枯叶病、银杏疫病、黄化病等，常见虫害有银杏大蚕蛾、桃柱螟等。

昆士兰伞木

学　　名：***Schefflera actinophylla***
别　　名：澳洲鸭脚木、大叶伞
科　　属：五加科鸭脚木属

► 识别要点：

常绿乔木，高可达 30 ～ 40 米。茎杆直立，光滑，少分枝，初生嫩枝绿色，后呈褐色，平滑，逐渐木质化。叶为掌状复叶，小叶数随树木的年龄而异，幼年时 3 ～ 5 枚，长大时 9 ～ 12 枚，至乔木状时可多达 16 枚。

► 生态习性：

喜温暖湿润、通风和明亮光照，适于排水良好、富含有机质的砂质壤土。生长适温为 20℃～ 30℃。

► 园林用途：

可作庭院树，亦可作室内盆栽观赏。

► 易发病虫害：

常见病害有叶斑病、炭疽病等，常见虫害有蚧壳虫等。

桂花

学　　名：***Osmanthus fragrans***
别　　名：木犀、九里香、岩桂
科　　属：木犀科木犀属

► 识别要点：

小乔木或常绿灌木，株高 3 ～ 5 米，最高可达 18 米。树皮粗糙，灰褐色或灰白色。叶对生，椭圆形、卵形至披针形，全缘或上半部疏生细锯齿。花簇生于叶腋内，伞状，花小，黄白色，极芳香。通常可连续开花两次，前后相隔 15 天左右。花期 9 — 10 月。

► 生态习性：

喜光，但在幼苗期要求有一定的荫蔽。喜温暖和通风良好的环境，较耐寒。适生于土层深厚、排水良好、富含腐殖质的偏酸性砂质壤土，忌碱性土壤和积水。

► 园林用途：

终年常绿，花期正值仲秋，有“独占三秋压群芳”之美誉，园林中常孤植、对植，也可成丛成片栽植，为盆栽观赏的好树种。

► 易发病虫害：

常见病害有褐斑病、枯斑病等，常见虫害有叶螨等。

黄梁木

学　　名：***Neolamarskia cadamba***
别　　名：团花树
科　　属：茜草科团花属

► 识别要点：

乔木，树干通直，树高30米，胸径可达100厘米以上，生长非常迅速。幼枝呈四棱形，无毛。叶纸质，椭圆形或椭圆状披针形。果肉质球形，由多数革质小坚果融合而成，种子极小。

► 生态习性：

喜光，喜高温高湿，适宜生长在雨量充足、湿度大的地区。

► 园林用途：

树形美观，树干挺拔，树冠呈圆形，叶片大而光亮，天然枝形良好。成活率高，易种易管，生长迅速见效快，很适合速成林的要求。

► 易发病虫害：

常见病害有立枯病、猝倒病和茎腐病，常见虫害有枯叶蛾、绢螟等。

黄花风铃木

学　　名：***Tabebuia chrysantha***
别　　名：巴西风铃木、伊蓓树
科　　属：紫葳科风铃木属

► 识别要点：

小乔木或落叶灌木，高 4 ～ 6 米。树皮灰色，鳞片状开裂，小枝有毛。掌状复叶，小叶卵状椭圆形，顶端尖，两面有毛。花喇叭形，花冠黄色，有红色条纹。花果期春季。

► 生态习性：

性喜高温，是一种会随着四季变化而更换风貌的树。

► 园林用途：

随着四季变化会展现出独特的风味，故常用作优良行道树。

► 易发病虫害：

常见病害有猝倒病、叶斑病等，常见虫害有咖啡皱胸天牛等。

阳桃

学　　名：***Averrhoa carambola***
别　　名：五敛子、杨桃、洋桃
科　　属：酢浆草科阳桃属

► 识别要点：

常绿小乔木，高可达 12 米。羽状复叶互生，小叶 5～13 片，卵形至椭圆形。花小，两性，花枝和花蕾深红色，花瓣背面淡紫红色，腋生圆锥花序。浆果卵形至长椭球形，淡绿色或蜡黄色。花期春末至秋季。

► 生态习性：

喜高温湿润气候，不耐寒。以土层深厚、疏松肥沃、富含腐殖质土壤栽培为宜。怕霜害和干旱，久旱和干热风引起落花落果，喜半阴而忌强烈日照。

► 园林用途：

是热带或亚热带常绿或半常绿观花观果小乔木。

► 易发病虫害：

常见病害有炭疽病、赤斑病等，常见虫害有鸟羽蛾、黑点褐卷叶蛾、红蜘蛛、果实蝇等。

蓝花楹

学　　名：***Jacaranda mimosifolia***
别　　名：蓝雾树、紫云木
科　　属：紫葳科蓝花楹属

► 识别要点：

乔木，高 15 米。叶对生，二回羽状复叶，羽片通常在 16 对以上，每一羽片有小叶 14 ～ 24 对，小叶狭矩圆形，先端锐尖，略被微柔毛。圆锥花序，花较大型，蓝色，花冠 2 唇形，5 裂，长 4 ～ 5 厘米。蒴果木质，扁圆形，种子有翅。

► 生态习性：

喜温暖气候，宜种植于阳光充足的地方。对土壤条件要求不严，在一般中性和微酸性土壤中都能生长良好。

► 园林用途：

是一种美丽的观赏树木，南方多种植于庭院，或作行道树。北方多作温室盆栽。它的叶形似蕨类，十分美观，盆栽既可观花又可观叶。

► 易发病虫害：

常见虫害有天牛等。

柚木

学　　名：***Tectona grandis***
别　　名：血树、胭脂木
科　　属：马鞭草科柚木属

► 识别要点：

乔木，枝呈四棱形。叶大、对生，叶片呈卵形或椭圆形，背面密被灰褐色至黄褐色星状绒毛。圆锥花序阔大，白色，芳香。

► 生态习性：

喜光，喜高温、多湿气候。

► 园林用途：

可作行道树，是庭院绿化的名贵树种，也可作商业用材。

► 易发病虫害：

常见病害有根腐病、青枯病、锈病等，常见虫害有螟蛾、蚧壳虫等。

尖叶杜英

学　　名：***Elaeocarpus apiculatus***
别　　名：长芒杜英
科　　属：杜英科杜英属

► 识别要点：

常绿乔木。树皮灰色，幼枝有毛。叶革质，倒卵状披针形。花冠白色，边缘流苏状，芳香。核果椭圆形或卵形，有毛。

► 生态习性：

阳性树种，喜温热湿润气候，耐旱，耐瘠薄，对土壤要求不严，但在肥沃、深厚、湿润、富含有机质土壤中生长最旺，速生，抗强风，抗烟尘和有毒气体。

► 园林用途：

树冠塔形层层轮生，有气生根，成年树板根十分壮观，盛花期一串串穗状花序柔顺地悬垂于枝梢，是优良木本花卉。也可作庭荫树、景观树、行道树和城市生态公益林、防护林。

► 易发病虫害：

常见病害有日灼病等。

山杜英

学　　名：***Elaeocarpus sylvestris***
别　　名：羊屎树、胆八树
科　　属：杜英科杜英属

► 识别要点：

常绿乔木，高达20米。叶薄革质，倒卵形或倒披针形。总状花序着生于枝顶叶腋内，长4～6厘米。核果细小，椭圆形。花期4—5月。

► 生态习性：

稍耐阴，喜温暖湿润气候，耐寒性不强。根系发达，萌芽力强，耐修剪，生长速度中等偏快。

► 园林用途：

枝叶茂密，树冠圆整，霜后部分叶变红色，红绿相间，颇为美丽。宜于草坪、坡地、林缘、庭前、路口丛植，也可作其他花木的背景树，或列植成绿墙起隐蔽遮挡及隔声作用。因对二氧化硫抗性强，可选作工矿区绿化和防护林带树种。

► 易发病虫害：

常见虫害有铜绿金龟子、蛴螬、地老虎等。

海南杜英

学　　名：***Elaeocarpus hainanensis***
别　　名：水石榕、水柳树
科　　属：杜英科杜英属

► 识别要点：

常绿乔木。叶聚生于枝顶，狭披针形或倒披针形。花白色略带浅黄色。

► 生态习性：

喜温热湿润气候，耐半阴，不耐寒，对土壤要求不严，但以肥沃、深厚、湿润酸性沉积土壤生长最旺，萌芽力强，速生，能抗强风。

► 园林用途：

体态优美，层次分明，花型奇美，可作庭荫树、景观树、行道树和滨水景观树。

► 易发病虫害：

常见虫害有铜绿金龟子、蛴螬、地老虎等。

南洋杉

学　　名：***Araucaria cunninghamii***
别　　名：鳞叶南洋杉、塔叶南洋杉、澳洲杉
科　　属：南洋杉科南洋杉属

► 识别要点：

乔木，高达 60 ～ 70 米，胸径达 1 米以上。树皮灰褐色或暗灰色，粗，横裂。大枝平展或斜伸，幼时树冠尖塔形，老则成平顶状，侧生小枝密生，下垂，近羽状排列。球果卵形或椭圆形。

► 生态习性：

喜气候温暖，空气清新湿润，不耐干燥、寒冷，抗风性强，生长迅速，再生力强，易生萌蘖，较耐阴。喜光，适生于肥沃、排水良好的土壤中。

► 园林用途：

树形优美，是珍贵的观赏树种。宜作园景主行道树或纪念碑、石像的背景树。盆栽可作门庭、室内装饰用。

► 易发病虫害：

常见病害有炭疽病、叶枯病等，常见虫害有蚧壳虫等。

异叶南洋杉

学　　名：***Araucaria heterophylla***
别　　名：小叶南洋杉、塔形南洋杉
科　　属：南洋杉科南洋杉属

► 识别要点：

乔木，高达50米以上，胸径达1.5米。树干通直，树皮暗灰色，裂成薄片状脱落，树冠塔形，大枝平伸，长达15米以上，小枝平展或下垂，侧枝常成羽状排列，下垂。叶二型。雄球花单生于枝顶，圆柱形。球果近圆球形或椭圆状球形。

► 生态习性：

喜气候温暖，空气清新湿润，易生萌蘖，较耐阴。喜光，适生于肥沃、湿润、排水良好的疏松土壤中。

► 园林用途：

树形高大，姿态优美。幼树盆栽是珍贵的观叶植物，应用广泛，可布置会场、展览厅、室内花园，也可点缀家庭客厅、走廊、书房等。在南方常作为优美的园景树。

► 易发病虫害：

常见病害有炭疽病、叶枯病等，常见虫害有蚧壳虫等。

湿地松

学　　名：***Pinus elliottii***
别　　名：古巴松
科　　属：松科松属

► 识别要点：

常绿乔木，树冠窄塔形。树皮紫褐色，鳞片状脱落，老树皮深裂。针叶 2～3 针一束并存，粗硬，深绿色，球果圆锥形，有梗。种子卵圆形，种鳞的鳞盾扁菱形。

► 生态习性：

喜光，不耐阴，对气温适应性强，能耐 40℃的高温和 -20℃的低温。对土壤要求不严，耐旱亦耐水湿，可忍耐短期淹水。

► 园林用途：

树干通直，姿态苍劲，可供庭院观赏或城镇绿化，宜在风景区造风景林，宜配植于山涧坡地、溪边池畔等地。

► 易发病虫害：

常见虫害有松毛虫、松梢螟、湿地松粉蚧等。

马尾松

学　　名：***Pinus massoniana***
别　　名：山松、枞树、青松
科　　属：松科松属

► 识别要点：

乔木。板条每年生长一轮，淡黄褐色，无毛。冬芽褐色。针叶每束2根，细长柔韧，边缘有细锯齿，长12～20厘米，先端尖锐，叶鞘膜质。种子长卵圆形，有翅。

► 生态习性：

强阳性树种，不耐阴。喜温暖湿润气候，耐寒性差，绝对最低温度不到70℃。

► 园林用途：

高大雄伟，姿态古奇，适宜在山涧、谷中、岩际、池畔、道旁配植和山地造林。孤植于庭前、亭旁、假山之间。

► 易发病虫害：

常见病害有松苗猝倒病、松材线虫病等，常见虫害有松毛虫等。

雪松

学　　名：***Cedrus deodara***
别　　名：香柏、宝塔松、番柏
科　　属：松科雪松属

► 识别要点：

常绿乔木。树冠尖塔形，大枝平展，小枝略下垂。叶针形，质硬，灰绿色或银灰色，在长枝上散生，短枝上簇生。球果翌年成熟，椭圆状卵形，熟时赤褐色。

► 生态习性：

抗寒性较强，较喜光，幼年稍耐阴。对土壤要求不严，酸性土壤、微碱性土壤均能适应，在深厚、肥沃、疏松的土壤中最适宜其生长，亦可适应黏重的黄土和瘠薄干旱地。耐干旱，不耐水湿。

► 园林用途：

最适宜孤植于草坪中央、建筑前庭之中心、广场中心或主要建筑物的两旁及园门的入口等处。此外，列植于园路的两旁，形成甬道，亦极为壮观。

► 易发病虫害：

常见病害有灰霉病等，常见虫害有蚧壳虫等。

刺柏

学　　名：***Juniperus formosana***
别　　名：山刺柏、台湾柏
科　　属：柏科刺柏属

► 识别要点：

常绿乔木，高 12 米。树冠狭圆锥形，树皮褐色，纵裂成长条薄片状层层脱落。小枝下垂，三棱形，冬芽显著。刺形叶条状，三叶轮生，上面微凹，中脉微隆起，其两侧各有 1 条白色气孔带，较绿色边缘稍宽，两条白色气孔带在叶之先端合为一条，下面绿色，具纵钝脊。球果近球形或宽卵形，2 到 3 年成熟。

► 生态习性：

喜光，也耐阴，耐寒性不强。适宜干燥的沙壤土。对水肥不严，怕涝。

► 园林用途：

树姿柔美，为优良的园林绿化树种。适宜对植、列植和群植，亦可制作盆景观赏，同时也是水土保持的造林树种。

► 易发病虫害：

常见虫害有油松巢蛾、松天牛等。

侧柏

学　　名：***Platycladus orientalis***
别　　名：黄柏、香柏、扁柏
科　　属：柏科侧柏属

► 识别要点：

常绿乔木，高达20余米。树皮薄，浅灰褐色，纵裂成条片。枝条向上伸展或斜展。生鳞叶的小枝细，向上直展或斜展，扁平，排成一个平面。

► 生态习性：

喜生于湿润、肥沃、排水良好的钙质土壤。耐寒、耐旱、抗盐碱，在平地或悬崖峭壁上都能生长。侧根发达，萌芽性强。耐修剪，寿命长，抗烟尘。

► 园林用途：

植于行道、亭园、大门两侧、绿地周围、路边花坛及墙垣内外，极为美观。小苗可作绿篱，隔离带围墙点缀。

► 易发病虫害：

常见病害有叶枯病等。

梅县阴那山灵光寺

竹柏

学　　名：***Podocarpus nagi***
别　　名：罗汉柴、大果竹柏
科　　属：罗汉松科竹柏属

► 识别要点：

常绿乔木。树干通直，深根性，树冠广椭圆形。叶交互对生，革质，椭圆状披针形，多具平行脉，无明显中脉，背面黄绿色。种子球形，成熟时紫黑色，外种皮肉质，外被白粉。

► 生态习性：

喜半阴，喜温暖湿润气候，不耐寒，不耐干旱和瘠薄，忌低洼积水，抗大气污染性较强。以在排水良好、疏松、深厚、肥沃、酸性砂质壤土中生长最为旺盛。

► 园林用途：

枝叶浓密深绿，叶形似竹，树干修直，挺秀美观，是园林绿化的观赏树种。适宜门庭入口、园路两边，以及池畔，或疏林草丛之中栽植。

► 易发病虫害：

常见病害有黑斑病、白粉病等，常见虫害有蚜虫、潜叶蛾等。

竹节树

学　　名：***Carallia brachiata***
别　　名：胭脂果、弯心果、鹅肾木
科　　属：红树科竹节树属

► 识别要点：

小乔木。单叶对生，叶革质，倒卵形、椭圆形至长圆形。聚伞花序腋生。浆果球形，先端冠以三角形萼齿。花期8月至翌年2月，果期春、夏季。

► 生态习性：

产自云南西南、景东、凤庆、思茅、西双版纳等地，喜生于海拔500～1 900米的常绿阔叶林密林中，中国广东、广西亦有生长。

► 园林用途：

心材淡红色，坚固，有光泽，纹理细致，易施工，是家具、装饰雕刻和小建筑物的良好用材，果可食，树皮供药用，可治疟疾。

► 易发病虫害：

少见病虫害。

橄榄

学　　名：***Canarium album***
别　　名：青榄、白榄、黄榄
科　　属：橄榄科橄榄属

► 识别要点：

常绿乔木。奇数羽状复叶，全缘对生，革质，叶面深绿。圆锥花序顶生或腋生，果椭圆形至卵形。花期 4—5 月，果期 10—12 月。

► 生态习性：

阳性树种，喜温暖湿润气候，怕霜冻、忌积水。耐阴、耐旱、耐瘠薄，对土壤要求不严，各类酸性土壤均可种植，抗风力强。易种易管，寿命长。

► 园林用途：

是优良的庭院树、行道树、风景树、绿荫树，也可作海防林和水源涵养林树种。

► 易发病虫害：

常见病害有炭疽病，常见虫害有木虱、蚧壳虫。

水生类

荷花

学　　名：***Nelumbo nucifera***
别　　名：莲花、水芙蓉、藕花
科　　属：睡莲科莲属

► 识别要点：

多年生水生草本花卉。地下茎长而肥厚，有长节，叶盾圆形。花单生于花梗顶端，花瓣多数，嵌生在花托穴内，有红、粉红、白、紫等色，或有彩纹、镶边。坚果椭圆形，种子卵形。花期6—9月。

► 生态习性：

喜相对稳定的平静浅水、湖沼、泽地、池塘。荷花的需水量由其品种而定，大株形品种如古代莲、红千叶相对水位深一些，但不能超过1.7米。中小株形只适于20～60厘米的水深。喜光，生育期需要全光照的环境。荷花极不耐阴，在半阴处生长就会表现出强烈的趋光性。

园林用途：

► 花、叶俱美的观赏植物。园林水景中重要的浮水植物，最适宜丛植，点缀水面，丰富水景，尤其适宜在庭院的水池中布置。

► 易发病虫害：

常见病害有腐烂病、黑斑病等，常见虫害有斜纹夜蛾、蚜虫等。

睡莲

学　　名：***Nymphaea tetragona***
别　　名：子午莲、粉色睡莲
科　　属：睡莲科睡莲属

► 识别要点：

多年生水生草本植物，根状茎肥厚。叶二型，浮水叶圆形或卵形，基部具弯缺，心形或箭形，常无出水叶，沉水叶薄膜质，脆弱。花大形、美丽，浮于或高出水面，萼片 4 枚，花瓣白色、蓝色、黄色或粉红色，成多轮，有时内轮渐变成雄蕊。浆果海绵质，不规则开裂，在水面下成熟，种子坚硬，为胶质物所包裹，有肉质杯状假种皮，胚小，有少量内胚乳及丰富外胚乳。

► 生态习性：

喜阳光，通风良好，所以白天开花的热带和耐寒睡莲在晚上花朵会闭合，到早上又会张开。在岸边有树荫的池塘中，虽能开花，但生长较弱。对土质要求不严，pH 值为 6 ～ 8，均可正常生长，最适水深 25 ～ 30 厘米，最深不得超过 80 厘米。喜富含有机质的土壤。

► 园林用途：

花、叶俱美的观赏植物，也是园林水景中

重要的浮水植物，最适宜丛植，点缀水面，丰富水景，尤其适宜在庭院的水池中布置。

► 易发病虫害：

常见病害有腐烂病、炭疽病等，常见虫害有叶甲虫、蚜虫等。

纸莎草

学　　名：***Cyperus papyrus***
别　　名：纸草、埃及莎草、埃及纸草
科　　属：莎草科莎草属

▶ 识别要点：

多年生常绿草本植物。茎秆直立丛生，三棱形，不分枝。叶退化成鞘状，棕色，包裹茎秆基部。总苞叶状，顶生，带状披针形。花小，淡紫色。瘦果三角形。花期6—7月。

▶ 生态习性：

花在暮夏盛开，并且倾向于在全日照到半阴凉的环境中开花。

▶ 园林用途：

主要用于庭院水景边缘种植，可以多株丛植、片植，单株成丛孤植景观效果也非常好。

▶ 易发病虫害：

抗逆性强，较少感染病虫害。

香彩雀

学　　名：***Angelonia salicariifolia***
别　　名：夏季金鱼草
科　　属：玄参科香彩雀属

► 识别要点：

多年生湿地草本植物，常作一年生栽培。株高 25 ～ 35 厘米，冠幅 30 ～ 35 厘米。分枝性强，株型紧凑丰满。花为腋生，唇形花瓣，有紫、淡紫、粉红、白等色。花期长，全年开花，以春、夏、秋季最为盛开。

► 生态习性：

性喜高温多湿，栽培处最好是接受全日照比较好，微遮阴处也可，栽培土壤不拘，排水良好即可。

► 园林用途：

可作花坛、花台，因其耐湿，常配植于湖边临水花境、水池边。

► 易发病虫害：

常见病害有花叶病，常见虫害有蚜虫、粉虱等。

狐尾藻

学　　名：***Myriophyllum verticillatum***
别　　名：轮叶狐尾藻、凤凰草
科　　属：小二仙草科狐尾藻属

► 识别要点：

多年生粗壮沉水草本植物。根状茎发达。茎圆柱形，多分枝。叶通常 4 片轮生，或 3 ～ 5 片轮生，丝状全裂，无叶柄。

► 生态习性：

在微碱性的土壤中生长良好。喜温暖水湿、阳光充足的气候环境，不耐寒。

► 园林用途：

适宜水景岸边及水体绿化。

► 易发病虫害：

抗逆性强，较少感染病虫害。

旱伞草

学　　名：***Cyperus alternifolius***
别　　名：水棕竹、伞草、风车草
科　　属：莎草科莎草属

► 识别要点：

多年湿生、挺水植物，高 40 ～ 160 厘米。茎秆粗壮，直立生长，茎近圆柱形，丛生。叶状苞片呈螺旋状排列在茎秆的顶端，向四面辐射开展，扩散呈伞状。聚伞花序，有多数辐射枝，每个辐射枝端常有 4 ～ 10 个第二次分枝，小穗多个，密生于第二次分枝的顶端。果实为小坚果,椭圆形近三棱形。果实 9 — 10 月成熟，花果期为夏、秋季。

► 生态习性：

原产西印度群岛等地，喜温暖湿润、通风良好、光照充足的环境，耐半阴，甚耐寒，华东地区露地稍加保护可以越冬，对土壤要求不严，以肥沃稍黏的土质为宜。

► 园林用途：

株丛繁密，叶形奇特，是室内良好的观叶植物，除盆栽观赏外，还是制作盆景的材料，也可水培或作插花材料。江南一带无霜期可作露地栽培，常配植于溪流岸边、假山石的缝隙作点缀，别具天然景趣。

► 易发病虫害：

常见病害有叶枯病等，常见虫害有红蜘蛛等。

梭鱼草

学　　名：***Pontederia cordata***
别　　名：北美梭鱼草、海寿花
科　　属：雨久花科梭鱼草属

► 识别要点：

多年生挺水或湿生草本植物。叶柄绿色，圆筒形。花葶直立，通常高出叶面。穗状花序顶生，蓝紫色带黄色斑点。果实初期绿色，成熟后褐色。

► 生态习性：

喜暖、喜阳、喜肥、喜湿，怕风不耐寒，在静水及水流缓慢的水域中均可生长。

► 园林用途：

广泛用于园林美化，栽植于河道两侧、池塘四周、人工湿地，与千屈菜、花叶芦竹、水葱、再力花等相间种植，具有观赏价值。

► 易发病虫害：

抗逆性强，较少感染病虫害。

铜钱草

学　　名：***Hydrocotyle vulgaris***
别　　名：南美天胡荽、钱币草、圆币草
科　　属：伞形科天胡荽属

► 识别要点：

沉水叶具长柄圆盾形，缘波状。伞形花序，小花白粉色，茎细长，节处生根。叶圆形或盾形，全缘。蒴果近球形。花期 6—8 月。

► 生态习性：

性喜温暖潮湿，栽培处以半日照或遮阴处为佳，忌阳光直射，栽培土壤不拘，以松软、排水良好的栽培土壤为佳。

► 园林用途：

在温暖地区可露地盆栽，适于栽培在水盘、水族箱、水池、湿地中，室内水体绿化。

► 易发病虫害：

常见病害有叶腐病等，常见虫害有蚧壳虫、红蜘蛛等。

美人蕉

学　　名：***Canna indica***

别　　名：大花美人蕉、红艳蕉

科　　属：美人蕉科美人蕉属

► 识别要点：

多年生大型草本植物。叶片长披针形，蓝绿色。总状花序顶生，多花雄蕊瓣化，花径大，花呈黄色、红色或粉红色。

► 生态习性：

生性强健，适应性强，喜光，怕强风，适宜在潮湿及浅水处生长，在肥沃的土壤或砂质壤土中均可生长良好。

► 园林用途：

适宜在大片的湿地中自然栽植，也可点缀在水池中，还是庭院观花、观叶良好的花卉植物，可作切花材料。

► 易发病虫害：

常见病害有芽腐病、花叶病等，常见虫害有蚜虫、卷叶虫等。

再力花

学　　名：***Thalia dealbata***
别　　名：水竹芋、水莲蕉
科　　属：竹芋科再力花属

► 识别要点：

多年生挺水草本植物。叶卵状披针形，浅灰蓝色，边缘紫色。复总状花序，花小，蓝紫色。全株附有白粉。

► 生态习性：

喜温暖水湿、阳光充足的气候环境。不耐寒，耐半阴，怕干旱。

► 园林用途：

植株高大美观，硕大的绿色叶片形似芭蕉叶，叶色翠绿可爱，花序高出叶面，亭亭玉立，蓝紫色的花朵素雅别致，是水景绿化的上品花卉，有“水上天堂鸟”的美誉。

► 易发病虫害：

抗逆性强，较少感染病虫害。

大花皇冠

学　　名：***Echinodorus grandiflorus***
别　　名：长象耳草
科　　属：泽泻科皇冠草属

► 识别要点：

多年生挺水草本植物。叶基生，莲座状排列，长心形或长椭圆形。花茎挺出水面，开白色小花。结球形瘦果。可用花茎上长出的茎芽生殖。

► 生态习性：

喜温暖湿润、阳光充足气候。

► 园林用途：

片植于水景，可作绿化植物。

► 易发病虫害：

常见虫害有蚜虫。

白鹭莞

学　　名：***Dichromena colorata***
别　　名：白鹭草、星光草
科　　属：莎草科刺子莞属

► 识别要点：

直立性水生植物，杆直立，株高仅有 15 ～ 30 厘米。苞片白色，向外扩展下垂，花期 6 — 9 月。

► 生态习性：

土质以潮湿的土壤为佳。光照要充足。性喜温暖，耐高温，生长适温为 20℃～ 28℃。

► 园林用途：

植株形态非常纤细，狭披针形的白色叶片，轮生在茎顶上，米黄色花序聚集在中间，整体看起来就像仙女棒的火花，是新兴水生植物中最受欢迎的一种。

► 易发病虫害：

抗逆性强，较少感染病虫害。

藤本类

珊瑚藤

学　　名：***Antigonon leptopus***
别　　名：紫苞藤
科　　属：蓼科珊瑚藤属

► 识别要点：

半落叶藤本植物，茎先端呈卷须状。单叶互生，呈卵状心形。圆锥花序与叶对生，花由五个似花瓣的苞片组成。果褐色，呈三菱形。花期4—8月。

► 生态习性：

喜向阳、湿润、肥沃之酸性土壤。

► 园林用途：

既可栽植于花坛，又是布置宾馆、会堂窗内两侧花坛的良好材料。

► 易发病虫害：

常见病害有白粉病、叶斑病等，常见虫害有蚜虫等。

使君子

学　　名：***Quisqualis indica***

别　　名：留求子、史君子

科　　属：使君子科使君子属

► 识别要点：

攀缘状灌木，小枝被棕黄色短柔毛。叶对生或近对生，叶片膜质，卵形或椭圆形。顶生穗状花序，组成伞房花序，花瓣初为白色，后转为淡红色。花期初夏，果期秋末。

► 生态习性：

喜温暖，怕霜冻。在阳光充足、土壤肥沃和背风的环境中生长良好。

► 园林用途：

花色艳丽，叶绿光亮，是园林中观赏的好树种。花可作切花材料。

► 易发病虫害：

常见虫害有蚜虫等。

菝葜

学　　名：***Smilax china***
别　　名：金刚藤
科　　属：百合科菝葜属

► 识别要点：

攀缘状灌木，有块状根茎，茎有刺，叶互生，有掌状脉和网状小脉，叶柄两侧常有卷须（常视为变态的托叶），花单性异株，排成腋生的伞形花序，花被片6片，分离，雄蕊6枚或更多，子房3室，每室有胚珠1～2颗，果为一浆果。花后结球形浆果，果色渐由绿变红，果期8—11月。

► 生态习性：

耐旱，喜光，稍耐阴，耐瘠薄，生长力极强。生于海拔 2 000 米以下的林下灌木丛中、路旁、河谷或山坡上。

► 园林用途：

可作切枝观果之用。

► 易发病虫害：

暂未发现病虫害。

星果藤

学　　名：***Tristellateia australasiae***
别　　名：三星果、牛角藤
科　　属：金虎尾科三星果属

► 识别要点：

常绿木质藤本植物，蔓长达 10 米。叶对生，纸质或亚革质，卵形，先端急尖至渐尖，基部圆形至心形，全缘。总状花序顶生或腋生，花鲜黄色。星芒状翅果。花期 8 月，果期 10 月。

► 生态习性：

喜温暖湿润的环境。

► 园林用途：

宜用作庭院、花廊和花架攀缘、垂直和立体绿化植物配植。

► 易发病虫害：

抗逆性强，较少感染病虫害。

蔓马缨丹

学　　名：***Lantana montevidensis***
别　　名：紫马缨丹、铺地臭金凤
科　　属：马鞭草科马缨丹属

► 识别要点：

木质藤本植物，枝下垂，被柔毛，长0.7～1米。 叶卵形，长约2.5厘米，基部突然变狭，边缘有粗牙齿。头状花序直径约2.5厘米，具长总花梗，花长约1.2厘米，淡紫红色，苞片阔卵形，长不超过花冠管的中部。花期为全年。各热带地区均可栽培供观赏。

► 生态习性：

喜高温高湿，也耐干热，抗寒力差，保持气温在10℃以上，叶片不脱落。忌冰雪，对土壤适应能力较强，耐旱耐水湿，对肥力要求不严。

► 园林用途：

可植于公园、庭院中作花篱、花丛，也可于道路两侧、旷野形成绿化覆盖植被。盆栽可置于门前、厅堂、居室等处观赏，也可组成花坛。

► 易发病虫害：

常见虫害有白粉虱等。

爬墙虎

学　　名：***Parthenocissus tricuspidata***
别　　名：趴山虎、地锦、常青藤
科　　属：葡萄科地锦属

识别要点：

木质藤本植物，枝下垂，被柔毛，长0.7～1米。叶卵形，长约2.5厘米，基部突然变狭，边缘有粗齿。头状花序直径约2.5厘米，具长总花梗，花长约1.2厘米，淡紫红色，苞片阔卵形，长不超过花冠管的中部。花期6月，果期9—10月。

生态习性：

爬山虎适应性强，性喜阴湿环境，但不怕强光，耐寒，耐旱，耐贫瘠，气候适应性广泛，在暖温带以南冬季也可以保持半常绿或常绿状态。耐修剪，怕积水，对土壤要求不严，阴湿环境或向阳处均能茁壮生长，但在阴湿、肥沃的土壤中生长最佳。它对二氧化硫等有害气体有较强的抗性。

园林用途：

夏季枝叶茂密，常攀缘在墙壁或岩石上，适于配植宅院墙壁、围墙、庭院入口处、桥头石堍等处。可用于绿化房屋墙壁、公园山石，既可美化环境，又能降温，调节空气，减少噪音。

易发病虫害：

常见病害有白粉病、叶斑病、炭疽病等，常见虫害有蚜虫等。

紫藤

学　　名：***Wisteria sinensis***
别　　名：藤萝
科　　属：豆科紫藤属

► 识别要点：

落叶藤本植物，茎枝为右旋性。奇数羽状复叶互生，卵状椭圆形，叶基阔楔形，先端长渐尖或突尖，小叶柄被疏毛。侧生总状花序，垂状，花紫色或深紫色。荚果扁圆条形，密被白色绒毛，种子圆形、褐色，花期4—5月，果期5—8月。

► 生态习性：

喜光，略耐阴，较耐寒。

► 园林用途：

是优良的棚架、门廊、枯树、山石绿化植物。

► 易发病虫害：

常见病害有软腐病和叶斑病等，常见虫害有蜗牛、蚧壳虫、白粉虱等。

云南黄素馨

学　　名：***Jasminum mesnyi***
别　　名：野迎春
科　　属：木犀科素馨属

► 识别要点：

缠绕藤本植物，株高 1 ～ 8 米。小枝淡褐色、褐色或紫色，圆柱形，密被锈色长柔毛。叶对生，三出复叶，小叶片纸质。聚伞花序常呈圆锥状排列，花芳香，花冠白色或淡黄色，高脚碟状，花冠管细长，裂片 5 枚，花柱异长。果长圆形或近球形，呈黑色。花期 2 — 5 月，果期 8 — 11 月。

► 生态习性：

中性树种，喜光稍耐阴，喜温暖湿润气候。不耐寒，适应性强。生于峡谷、林中，海拔 500 ～ 2 600 米处。

► 园林用途：

适宜边坡美化材料，盛开时，黄花朵朵衬以绿叶，甚是美观。

► 易发病虫害：

常见病害有叶斑病和枯枝病等，常见虫害有蚜虫和大蓑蛾等。

酸叶胶藤

学　　名：***Ecdysanthera rosea***
别　　名：斑鸪藤、红背酸藤、风藤等
科　　属：夹竹桃科花皮胶藤属

► 识别要点：

木质藤本植物，长达 10 米。具乳汁，茎皮深褐色，无明显皮孔。叶纸质，阔椭圆形，长 3 ～ 7 厘米，宽 1 ～ 4 厘米，叶背面被白粉。聚伞花序圆锥状，多歧，顶生，着花多数，花小，粉红色。蓇葖 2 个叉开近一直线，种子长圆形。花期 4 — 12 月，果期 7 月至翌年 1 月。

► 生态习性：

生于海拔 200 ～ 900 米的山地、密林中，在山谷、水沟湿润地方常见。

► 园林用途：

盛花期繁花似锦，可作观花绿篱。植株含胶质，质地良好，是一种野生橡胶植物。

► 易发病虫害：

无严重病虫害。

金银花

学　　名：***Lonicera japonica***
别　　名：金银藤、二色花藤、二宝藤、鸳鸯藤
科　　属：忍冬科忍冬属

识别要点：

半常绿缠绕藤本植物，小枝中空，有柔毛。叶卵形或椭圆形，两面具柔毛。花成对腋生，花由白色变为黄色，芳香，萼筒无毛。浆果黑色，球形。花期 4—6 月，果期 10—11 月。

生态习性：

喜温暖湿润气候，抗逆性强，耐寒又抗高温，但花芽分化适温为 15℃左右，生长适温为 20℃～30℃。耐涝、耐旱、耐盐碱。喜充足阳光。

园林用途：

花、叶俱美，常绿不凋，适宜作篱垣、阳台、绿廊、花架、凉棚等垂直绿化材料，还可以盆栽观赏。

易发病虫害：

常见病害有白粉病、褐斑病等，常见虫害有咖啡虎天牛、尺蠖、蚜虫等。

凌霄花

学　　名：***Campsis grandiflora***
别　　名：紫葳、五爪龙
科　　属：紫葳科凌霄属

► 识别要点：

落叶木质大藤本植物，茎长约10米。茎节具气生根，赖此攀缘。奇数羽状复叶，对生，小叶7～11枚，中卵形至长卵形，叶缘具粗锯齿数对。花大型，漏斗状，短而阔，鲜红色或橘红色，圆锥状聚伞花序，顶生。蒴果长条形，豆荚状，种子多数，扁平，两端具翅。花期6—8月，果期9—11月。

► 生态习性：

喜湿，喜暖，不耐寒，略耐阴。

► 园林用途：

本种攀缘力强，树形优美，花大而香，花色艳，花期长，分布广泛，适生范围大，适应性强，为攀缘观赏植物中之上品，尤宜用来营造凉棚、花架，绿化阳台和廊柱。

► 易发病虫害：

常见病害有叶斑病和白粉病等，常见虫害有粉虱和蚧壳虫等。

炮仗花

学　　名：***Pyrostegia venusta***
别　　名：鞭炮花、黄鳝藤
科　　属：紫葳科炮仗藤属

识别要点：

常绿大藤本植物。叶对生，小叶2～3枚，卵形。圆锥花序着生于侧枝的顶端，花冠筒状，果瓣革质。具有3叉丝状卷须。

生态习性：

喜向阳环境和肥沃、湿润、酸性土壤。

园林用途：

多种植于庭院、栅架、花门和栅栏，作垂直绿化。

易发病虫害：

常见病害有叶斑病和白粉病等，常见虫害有粉虱和蚧壳虫等。

马缨丹

学　　名：***Lantana camara***
别　　名：五色梅
科　　属：马鞭草科马缨丹属

识别要点：

常绿半藤本灌木。株高 1～2 米，枝四棱，叶对生，卵形或卵状长圆形，略皱。头状花序腋生，花冠黄、橙黄、粉红至深红色。全年开花。

生态习性：

喜光，喜温暖湿润气候。适应性强，耐干旱、瘠薄，但不耐寒，在疏松、肥沃、排水良好的砂质壤土中生长较好。

园林用途：

优良的观花灌木，花期长，花色丰富，适宜在园林绿地中种植，也可植为花篱，北方地区则可作盆栽观赏。

易发病虫害：

常见病害有灰霉病、叶枯线虫病等。

合果芋

学　　名：***Syngonium podophyllum***
别　　名：长柄合果芋、紫梗芋、剪叶芋、丝素藤
科　　属：天南星科合果芋属

► 识别要点：

多年生蔓生常绿草本植物。茎节具气生根，攀附他物生长。叶片呈两型性，幼叶为单叶，箭形或戟形，老叶成 5 ～ 9 裂的掌状叶，初生叶色淡，老叶呈深绿色，且叶质加厚。佛焰苞浅绿或黄色。

► 生态习性：

喜高温多湿，适宜疏松、肥沃、排水良好的微酸性土壤。适应性强，生长健壮，能适应不同的光照环境。

► 园林用途：

主要用作室内观叶盆栽，可悬垂、吊挂及水养，又可作壁挂装饰。大盆支柱式栽培可供厅堂摆设，在温暖地区室外半阴处，可作篱架及边角、背景、攀墙和铺地材料。

► 易发病虫害：

常见病害有叶斑病等，常见虫害有粉虱、蓟马等。

仙羽蔓绿绒

学　　名：***Philodendron* cv. *Xanadu***
别　　名：小天使
科　　属：天南星科喜林芋属

► 识别要点：

多年生草本植物。小型至中型种，叶外缘呈披针形，羽状分裂，边缘不规则浅裂至深裂，革质，浓绿色，叶柄质硬。

► 生态习性：

喜温暖湿润和半阴环境。适应性强，不耐低温，怕干燥，土壤以肥沃、疏松、排水良好的微酸性砂质壤土为宜。

► 园林用途：

常作花材，可盆栽。

► 易发病虫害：

常见病害有叶斑病、梢枯病等，常见虫害有红蜘蛛等。

绿萝

学　　名：***Epipremnum aureum***
别　　名：黄金葛、魔鬼藤
科　　属：天南星科麒麟叶属

► 识别要点：

常绿藤本植物。茎叶肉质，以攀缘茎附于他物上，茎节有气生根。叶广椭圆形，腊质，暗绿色，有的镶嵌着金黄色不规则斑点或条纹。

► 生态习性：

喜温暖湿润和半阴环境，对光照反应敏感，怕强光直射，土壤以肥沃的腐叶土或泥炭土为好，冬季温度不低于 15℃。

► 园林用途：

叶片金绿相间，叶色艳丽悦目，株条悬挂，下垂，富于生机，可作柱式或挂壁式栽培，家庭可陈设于几架、台案等处，还可作插花衬材或吊盆栽植观赏。

► 易发病虫害：

常见病害有叶斑病、根腐病等。

龟背竹

学　　名：***Monstera deliciosa***
别　　名：蓬莱蕉、铁丝兰、穿孔喜林芋
科　　属：天南星科龟背竹属

▶ 识别要点：

半蔓型植物。茎干粗壮，节多似竹，叶厚革质，互生，暗绿色或绿色，幼叶心形，没有穿孔，长大后叶呈矩圆形，具不规则羽状深裂，从叶缘至叶脉附近处孔裂，如龟甲图案。花状如佛焰，淡黄色。

▶ 生态习性：

喜温暖湿润环境，忌阳光直射和干燥环境，喜半阴，耐寒性较强。生长适温为20℃～25℃，越冬温度为3℃，对土壤要求不甚严格，在肥沃、富含腐殖质的砂质壤土中生长良好。

▶ 园林用途：

株形优美，叶片形状奇特，叶色浓绿，且富有光泽，整株观赏效果较好。常以中小盆种植，置于室内客厅、卧室和书房一隅，也可以大盆栽培，置于宾馆、饭店大厅及室内花园的水池边和大树下，颇具热带风光。

▶ 易发病虫害：

常见病害有灰斑病等，常见虫害有蚧壳虫等。

麒麟叶

学　　名：***Epipremnum pinniatum***
别　　名：麒麟尾、上树龙
科　　属：天南星科麒麟叶属

► 识别要点：

大型常绿藤本植物。叶大，全缘或羽状分裂。肉穗花序无柄，圆柱形。花两性或稀下部为雌花，密聚。浆果分离，种子肾形。

► 生态习性：

性喜温暖湿润，较耐旱，也能适应光照较少的环境。

► 园林用途：

常栽种于墙边、花架、石柱等处，作为垂直绿化、点缀环境之用。

► 易发病虫害：

常见虫害有红蜘蛛等。

金杯藤

学　　名：***Solandra nitida***
别　　名：金杯花
科　　属：茄科金杯藤属

► 识别要点：

常绿藤本灌木。叶片互生，长椭圆形，先端突尖，浓绿色。春至夏季开花，单花顶生，花冠大型，杯状，淡黄色，具香气，花冠很大，似一个个金色的杯子，故称金杯藤。

► 生态习性：

喜温暖，排水、光照需良好。

► 园林用途：

优良的荫棚植物，但是应注意其全株有毒（果实除外）。

► 易发病虫害：

未见严重病虫害。

锦屏藤

学　　名：***Cissus sicyoides***
别　　名：蔓地榕、珠帘藤
科　　属：葡萄科白粉藤属

识别要点：

多年生常绿蔓性草质藤本植物。全体无毛，枝条纤细，具卷须。单叶互生，长心形，叶缘有锯齿，具长柄。其特色是成株能自茎节处生长，红褐色具金属光泽，不分枝，其细长气根，可长达 3 米，数百或上千条垂悬于棚架下，状极殊雅，风格独具。

生态习性：

排水、日照条件需良好。蔓延力极强，设立棚架需广大，随时牵引枝条生长方向。

园林用途：

适合植于绿廊、绿墙处或作荫棚。

易发病虫害：

常见病害有炭疽病等。

大花老鸦嘴

学　　名：***Thunbergia grandflora***
别　　名：大邓伯花、大花山牵牛
科　　属：爵床科山牵牛属

► 识别要点：

全株茎叶密被粗毛。叶厚，单叶对生，阔卵形，叶柄无翅。花大，腋生，有柄，多朵单生下垂成总状花序，花冠漏斗状，初花蓝色，盛花浅蓝色，末花近白色。蒴果下部近球形。花期7—10月，果期8—11月。

► 生态习性：

性喜温暖湿润、阳光充足环境，不耐寒，稍耐阴，喜排水良好、湿润的砂质壤土。

► 园林用途：

植株粗壮，覆盖面大，花大而繁密，朵朵成串下垂，花期较长，适合用于大型棚架、中层建筑、篱垣，也可用于城市堡坎、立交绿化等。

► 易发病虫害：

抗逆性强，较少感染病虫害。

► 易发病虫害：

常见病害有锈病、灰霉病等，常见虫害有蚧壳虫等。

龙吐珠

学　　名：***Clerodendrum thomsonae***

别　　名：白萼赪桐

科　　属：马鞭草科大青属

► 识别要点：

多年生常绿藤本植物，高 2 ～ 5 米，幼枝四棱形，被黄褐色短绒毛，老时无毛，小枝髓部嫩时疏松，老后中空。叶片纸质，狭卵形或卵状长圆形，聚伞花序腋生或假顶生，二歧分枝，核果近球形，外果皮光亮，棕黑色，宿存萼不增大，红紫色。花期 3—5 月。

► 生态习性：

喜温暖湿润气候，不耐寒，开花期的温度在 17℃左右。喜阳光，但不宜烈日暴晒，较耐阴，花的分化不受光周期的影响，但较强的光照对花的分化和发育有促进作用。较喜肥，以肥沃疏松和排水良好的微酸性砂质壤土为宜，不耐水湿。

► 园林用途：

花形奇特，开花繁茂，宜盆栽观赏，也可作花架、台阁上的垂吊盆花布置。

竹类

箬竹

学　　名：***Indocalamus tessellatus***
别　　名：辽竹、若竹
科　　属：禾本科箬竹属

► 识别要点：

株高 0.75～2 米，节较平坦，竿环较箨环略隆起，节下方有红棕色贴竿的毛环。无叶耳，叶舌截形，叶片在成长植株上稍下弯，宽披针形或长圆状披针形，笋期 4—5 月，花期 6—7 月。

► 生态习性：

喜光，亦耐阴，在林下、林缘地生长良好。喜温暖湿润气候，稍耐寒，喜土壤湿润，稍耐干旱。

► 园林用途：

叶色翠绿，是园林中常见的竹类观赏植物。

► 易发病虫害：

常见病害有竹丛枝病、竹竿锈病等，常见虫害有红蜘蛛、蚜虫等。

金丝竹

学　　名：***Bambusa vulgaris* var.*striata***
别　　名：黄金间碧玉竹
科　　属：禾本科刚竹属

► 识别要点：

大型丛生竹，竹竿金黄色，节间带有绿色条纹。

► 生态习性：

阳性树种，喜肥沃、排水良好的壤土或砂质壤土。

► 园林用途：

营造岭南特色大型竹林景观的优良观赏植物。

► 易发病虫害：

抗逆性强，较少感染病虫害。

红哺鸡竹

学　　名：***Phyllostachys iridescens***
科　　属：禾本科刚竹属

► 识别要点：

幼竿被白粉，一、二年生的竿逐渐出现黄绿色纵条纹，老竿则无条纹。

► 生态习性：

阳性树种，喜肥沃、排水良好的壤土或砂质壤土。

► 园林用途：

笋味道鲜美可口，为优良的笋用竹种。竹材较脆，不宜蔑用，可作晒衣竿及农具柄。

► 易发病虫害：

抗逆性强，较少感染病虫害。

紫竹

学　　名：***Phyllostachys nigra***
别　　名：黑竹、乌竹
科　　属：禾本科刚竹属

► 识别要点：

一年生以后的竿先出现紫斑，最后全部变为紫黑色，无毛。

► 生态习性：

阳性树种，喜温暖湿润气候，耐寒，适合砂质排水性良好的土壤，对气候适应性强。

► 园林用途：

宜种植于庭院山石之间或书斋、厅堂、小径、池水旁，也可栽于盆中，置于窗前、几上，别有一番情趣。

► 易发病虫害：

常见病害有毛竹丛枝病、梢枯病等，常见虫害有竹笋夜蛾、竹斑蛾等。

佛肚竹

学　　名：***Bambusa ventricosa***
别　　名：佛竹、罗汉竹
科　　属：禾本科簕竹属

► 识别要点：

秆二型，正常秆圆筒形，高 7 ～ 10 米，节间 30 ～ 35 厘米；畸形秆通常 25 ～ 50 厘米，节间较正常短。

► 生态习性：

喜温暖湿润，不耐寒。宜在肥沃、疏松、湿润、排水良好的砂质壤土中生长。

► 园林用途：

灌木状丛生，秆短小畸形，状如佛肚，姿态秀丽，四季翠绿。盆栽数株，当年成型，扶疏成丛林式，缀以山石，观赏效果颇佳。

► 易发病虫害：

常见病害有锈病、黑痣病等，常见虫害有蚧壳虫、竹蝗等。

棕榈类

霸王棕

学　　名：***Bismarckia nobilis***
别　　名：俾斯麦榈
科　　属：棕榈科霸王棕属

► 识别要点：

植物高大，可达 30 米。茎干光滑，结实，灰绿色。叶片巨大，长 3 米左右，扇形，多裂，蓝灰色。雌雄异株，穗状花序，雌花序较短粗，雄花序较长，上有分枝。种子较大，近球形，黑褐色。

► 生态习性：

喜阳光充足、温暖气候与排水良好的生长环境。耐旱、耐寒。成株适应性较强，喜肥沃土壤，耐瘠薄，对土壤要求不严。

► 园林用途：

株型巨大，掌叶坚挺，叶色独特，为棕榈科植物中的珍稀种类。

► 易发病虫害：

常见病害有叶斑病等。

蒲葵

学　　名：***Livistona chinensis***
别　　名：扇叶葵、葵树
科　　属：棕榈科蒲葵属

► 识别要点：

单干，高 10 ～ 20 米，干径可达 30 厘米。叶掌状中裂，圆扇形，灰绿色，向内折迭，裂片先端再二浅裂，向下悬垂，叶柄粗大，两侧具逆刺。肉穗花序，呈圆锥状，粗壮，长约 1 米，总梗上有 6 ～ 7 个佛焰苞，约 6 个分枝花序，长达 35 厘米。作稀疏分歧，小花淡黄色、黄白色或青绿色。果核椭圆形，熟果黑褐色。花果期 4 月。

► 生态习性：

原产中国南部，在广东、广西、福建、台湾等省区均有栽培。喜温暖湿润、向阳环境，能耐 0℃左右低温。好阳光，亦耐阴。抗风、耐旱、耐湿，也较耐盐碱，能在海边生长。喜湿润、肥沃的黏性土壤。

► 园林用途：

大量盆栽常用于大厅或会客厅等处陈设。在半阴树下置于大门口及其他场地，应避免中午阳光直射。叶片常用来作蒲扇、凉席、花篮。

► 易发病虫害：

常见病害有叶枯病、炭疽病、褐斑病和叶斑病等，常见虫害有绿刺蛾、灯蛾等。

大王椰

学　　名：***Roystonea regia***
别　　名：王棕
科　　属：棕榈科王棕属

► 识别要点：

茎单生，高 15 ～ 20 米，中上部膨大呈长花瓶状，灰色，有环状叶柄（鞘）痕。叶长 3 ～ 4 米，羽状全裂，羽片极多数，长线状披针形，长 60 ～ 100 厘米，宽 3.5 ～ 5 厘米，先端 2 裂，尖锐，在叶中轴上呈 4 列排列，叶鞘长 1.5 ～ 2 米。果球形，直径 1 ～ 2 厘米，基部稍收缩，熟时红褐色或带紫色。

► 生态习性：

喜阳，喜温暖，不耐寒，对土壤适应性强，但以疏松、湿润、排水良好、土层深厚、富含有机质的肥沃冲积土壤或黏壤土最为理想。

► 园林用途：

树干中部膨大，树形雄伟、壮观，适于庭院栽培，供观赏或作行道树。

► 易发病虫害：

常见病害有干腐病、炭疽病、叶斑病、灰斑病、流胶病等，常见虫害有蚧壳虫等。

金山葵

学　　名：***Syagrus romanzoffiana***
别　　名：皇后葵
科　　属：棕榈科金山葵属

► 识别要点：

常绿乔木，干直立，中上部稍膨大，光滑有环纹。羽状复叶长达5米，每侧小叶200枚以上，长达1米，带状，常1或3～5枚聚生于叶轴两侧。雌雄同株，异花，雌花着生于基部。果实卵圆形，有短尖。花期2月，果期11月至翌年3月。

► 生态习性：

喜温暖湿润，向阳和通风环境，生长适温为22℃～28℃，能耐-2℃低温，可耐短时间-5℃以下低温，要求肥沃而湿润的土壤，有较强的抗风性，能耐盐碱，较耐旱。

► 园林用途：

可作行道树、园景树，或单株种植于门前两侧，或不规则种植于水滨、草坪外围，与凤凰树等花木类配植。

► 易发病虫害：

常见病害有霜霉病等，常见虫害有蚧壳虫等。

国王椰子

学　　名：***Ravenea rivularis***
别　　名：佛竹、密节竹
科　　属：棕榈科非洲椰子属

► 识别要点：

常绿乔木，单干，高可达 5 ～ 9 米，最高可达 25 米，树干直径 80 厘米，密布叶鞘脱落后留下的轮纹。羽状复叶，小叶线型，排列整齐。

► 生态习性：

原产于非洲马达加斯加岛，中国热带也有栽培。在阳光及水分充足时生长迅速，生长适温为 22℃～ 30℃。盆栽时，在寒冷地区可入室越冬，喜高温多湿，耐阴，喜肥沃砂质壤土。

► 园林用途：

羽状复叶似羽毛，羽叶密而伸展，飘逸而轻盈，单茎通直，树干粗壮，为优美的热带风光树。其叶片受风面小，茎杆纤维柔韧，是极为抗风的树种。园林上可于庭院处配植，作行道树，作盆栽观赏也甚雅。

► 易发病虫害：

常见病害有叶斑病等，常见虫害有糠蚧和矢尖盾蚧，叶芯还可生吹绵蚧等。

董棕

学　　名：***Caryota urens***
别　　名：酒假桄榔
科　　属：棕榈科鱼尾葵属

► 识别要点：

乔木状，膨大或不膨大成花瓶状，具明显的环状叶痕。叶长 5 ～ 7 米，宽 3 ～ 5 米，弓状下弯，羽片宽楔形或斜楔形，叶鞘边缘具网状的棕黑色纤维。佛焰苞具多数、密集的穗状分枝花序。

► 生态习性：

喜阳光充足、高温湿润环境，较耐寒，生长适温为 20℃～ 28℃。

► 园林用途：

植株高大，树形美观，叶片排列十分整齐，适合孤植于公园、绿地中。

► 易发病虫害：

常见病害有叶斑病等。

软叶针葵

学　　名：***Phoenix roebelenii***

别　　名：江边刺葵、美丽针葵、罗比亲王海枣

科　　属：棕榈科刺葵属

► 识别要点：

茎丛生，栽培时常为单生，高1～3米，直径达10厘米，具宿存的三角状叶柄基部。叶长1～1.5米，羽片线形，较柔软，长20～40厘米，两面深绿色，背面沿叶脉被灰白色的糠秕状鳞秕，呈2列排列，下部羽片变成细长软刺。雌雄异株，果实长圆形，长1.4～1.8厘米，直径6～8毫米，顶端具短尖头，成熟时枣红色，果肉薄而有枣味。花期4—5月，果期6—9月。

► 生态习性：

分布于印度、越南、缅甸以及中国大陆的广东、广西、云南等地，生长于海拔480～900米的地区，多生长于江岸边，已由人工引种栽培。喜光，不耐寒。

► 园林用途：

树形美丽，广州等地庭院有栽培。不耐寒，宜盆栽观赏，是室内绿化的好树种。

► 易发病虫害：

常见病害有叶斑病等，常见虫害有蚧壳虫等。

短穗鱼尾葵

学　　名：***Carvota mitis***
别　　名：酒椰子
科　　属：棕榈科鱼尾葵属

► 识别要点：

小乔木状植物，丛生，高 5 ～ 8 米，盆栽的株高多为 1 ～ 3 米。茎绿色。叶长 3 ～ 4 米，下部羽片小于上部羽片，羽片呈楔形或斜楔形，外缘笔直，内缘 1/2 以上弧曲成不规则的齿缺。佛焰苞与花序被糠秕状鳞秕，花序短，花瓣狭长圆形，淡绿色。果球形，成熟时紫红色，具 1 颗种子。花期 4—6 月，果期 8—11 月。

► 生态习性：

产自海南、广西等省区，越南、缅甸、印度、马来西亚、菲律宾、印度尼西亚（爪哇）亦有分布。生于山谷林中或植于庭院。喜温暖，但具有较强的耐寒力，其抗寒力较散尾葵强，为较耐寒的棕榈科热带植物之一。生长适温为 18℃～ 30℃，越冬温度为 3℃。

► 园林用途：

植株丛生状生长，树形丰满且富层次感，短穗鱼尾葵叶片翠绿，花色鲜黄，果实如圆珠成串。适宜栽培于公园、庭院中观赏，也可盆栽作室内装饰用。

► 易发病虫害：

常见病害有灰斑病、叶枯病等，常见虫害有蚧壳虫等。

假槟榔

学　　名：***Archontophoenix alexandrae***
别　　名：亚历山大椰子
科　　属：棕榈科假槟榔属

► 识别要点：

乔木状，高达 10 ～ 25 米，茎粗约 15 厘米，圆柱状，基部略膨大。叶羽状全裂，生于茎顶，长 2 ～ 3 米，羽片呈 2 列排列，线状披针形，先端渐尖，全缘或有缺刻，叶面绿色，叶背面被灰白色鳞秕状物，叶轴和叶柄厚而宽，无毛或稍被鳞秕，叶鞘绿色，膨大而包茎，形成明显的冠茎。花雌雄同株，花序生于叶鞘之下。果卵球形。

► 生态习性：

原产澳大利亚东部。福建、台湾、广东、海南、广西、云南等热带亚热带地区的园林亦有栽培。喜光，喜高温多湿气候，不耐寒。

► 园林用途：

华南城市常植于庭院或作行道树。3 ～ 5 年生的幼株，可大盆栽植，供展厅、会议室、主会场等处陈列。大树多露地种植作行道树以及植于建筑物旁、水滨、庭院、草坪四周等处，单株、小丛或成行种植均可。树势挺拔，叶色葱茏，适于四季观赏。大树叶片可剪下作花篮围圈，幼龄期叶片，可剪作切花配叶。

► 易发病虫害：

常见病害有叶斑病、炭疽病、腐芽病等，常见虫害有沁茸毒蛾、绿绵蚧等。

桄榔

学　　名：***Arenga pinnata***
别　　名：莎木、砂糖椰子、糖树、糖棕
科　　属：棕榈科桄榔属

► 识别要点：

乔木状，茎较粗壮，高5～10米，直径15～30厘米，有疏离的环状叶痕。叶簇生于茎顶，长5～6米或更长，羽状全裂，羽片呈2列排列，线形或线状披针形，长80～150厘米，宽2.5～6.5厘米或更宽，叶鞘具黑色强壮的网状纤维和针刺状纤维。花序腋生，从上部往下部抽生几个花序，当最下部的花序的果实成熟时，植株即死亡。雌雄同株。果实近球形，直径4～5厘米，具三棱，顶端凹陷，灰褐色（未熟果实干后呈黑色）。种子3颗，黑色，卵状三棱形。花期6月，果实约在开花后2～3年成熟。

► 生态习性：

产自海南、广西及云南西部至东南部。中南半岛及东南亚一带亦产。喜高温多湿气候，抗寒力很低，忌霜冻，遇长期5℃～6℃低温或轻霜，叶片枯死。喜肥沃、湿润的森林土，黏重土地亦能生长，较耐水湿，不耐干旱。

► 园林用途：

树形美丽，广州等地庭院有栽培。不耐寒，宜盆栽观赏，是室内绿化的好树种。适作园林风景树，丛植或作独立树，或与景石配植。

► 易发病虫害：

常见病害有黄化病、黑斑病等，常见虫害有蚧壳虫等。

银海枣

学　　名：***Phoenix sylvestris***
别　　名：林刺葵、野海枣
科　　属：棕榈科刺葵属

► 识别要点：

乔木状，高达 16 米，直径达 33 厘米，叶密集成半球形树冠，茎具宿存的叶柄基部。叶长 3 ～ 5 米，完全无毛，叶柄短，叶鞘具纤维，羽片剑形，长 15 ～ 45 厘米，宽 1.7 ～ 2.5 厘米，顶端尾状渐尖，互生或对生，呈 2 ～ 4 列排列，下部羽片较小，最后变为针刺。雌雄异株。果实长圆状椭圆形或卵球形，橙黄色，种子长圆形。果期 9—10 月。

► 生态习性：

原产印度、缅甸。福建、广东、广西、云南等省区有引种栽培。性喜高温湿润环境，喜光照，有较强抗旱力。生长适温为 20℃～ 28℃，冬季低于 0℃易受害。耐高温、耐水淹、耐干旱、耐盐碱、耐霜冻（能抵抗 -10℃的严寒，除东北和大西北冬天极严寒地域外），喜阳光，可在热带至亚热带气候下种植的棕榈科植物。对栽培土壤要求不严，但以土质肥沃、排水良好的有机土壤最佳。

► 园林用途：

树干高大挺拔，树冠婆娑优美，富有热带气息，可孤植作景观树，或列植为行道树，也可三五群植造景，相当壮观，是充满贵族派的棕榈植物。应用于住宅小区、道路绿化，庭院、公园造景等效果亦极佳。

► 易发病虫害：

常见病害有黑斑病等，常见虫害有金龟子、象甲虫、椰心叶甲虫等。

三药槟榔

学　　名：***Areca triandra***
别　　名：三雄蕊槟榔
科　　属：棕榈科槟榔属

► 识别要点：

茎丛生，高 3～4 米或更高，直径 2.5～4 厘米，具明显的环状叶痕。叶羽状全裂，长 1 米或更长，约 17 对羽片，顶端 1 对合生，下部和中部的羽片披针形，镰刀状渐尖，上部及顶端羽片较短而稍钝，具齿裂。雌雄同株，花序多分枝，而雌花单生于分枝的基部。果熟时由黄色变为深红色，种子椭圆形至倒卵球形。果期 8—9 月。

► 生态习性：

产自印度、中南半岛及马来半岛等亚洲热带地区。中国台湾、广东（广州）、云南等省区有栽培。喜温暖湿润和背风、半荫蔽环境。不耐寒，小苗期易受冻害。耐阴性很强，无论是幼苗或成树都应在树荫下栽培。抗寒性比较弱，但随着树的成长而不断提高。4 年龄植株通常高 1.5～2 米，能忍受 4℃的低温。晚秋应避开北风的侵袭，宜放在南向的地方。

► 园林用途：

在热带及亚热带地区，它既是庭院、别墅绿化美化的珍贵树种，更是会议室、展厅、宾馆、酒店等豪华建筑物厅堂装饰的主要观叶植物。形似翠竹，姿态优雅，宜布置于庭院或分盆栽培，树形美丽，可丛植点缀于草地上。

► 易发病虫害：

常见病害有溃疡病等，常见虫害有吹绵蚧等。

丝葵

学　　名：***Chrysalidocarpus lutescens***
别　　名：老人葵
科　　属：棕榈科丝葵属

► 识别要点：

树干粗壮通直，近基部略膨大。树冠以下被以垂下的枯叶。叶簇生于干顶，斜上或水平伸展，下方的下垂，灰绿色，掌状中裂，圆形或扇形折叠，边缘具有白色丝状纤维。肉穗花序，多分枝。花小，白色。核果椭圆形，熟时黑色。花期6—8月。

► 生态习性：

原产美国加利福尼亚、亚利桑那州以及墨西哥。我国福建、台湾、广东及云南有引种栽培。喜温暖湿润、向阳环境。较耐寒，在-5℃的短暂低温下，不会造成冻害。较耐旱和耐瘠薄土壤。不宜在高温高湿处栽培。

► 园林用途：

可作风景树，枯叶下垂覆盖于茎干似裙子，奇特有趣，叶裂片间具有白色纤维丝，似老翁白发，又名“老人葵”。宜栽植于庭院观赏，也可作行道树。

► 易发病虫害：

常见病害有心腐烂、枯萎病等，常见虫害有金龟子、象甲虫等。

散尾葵

学　　名：***Chrysalidocarpus lutescens***
别　　名：黄椰子、紫葵
科　　属：棕榈科散尾葵属

► 识别要点：

丛生常绿灌木或小乔木。茎干光滑，黄绿色，无毛刺，嫩时披蜡粉，茎干基部有环纹，羽状复叶，全裂、扩展、拱形。羽叶披针形，先端渐尖，柔软。花雌雄同株，小而呈金黄色，肉穗花序生于叶鞘束下，多分枝，排成圆锥花序。果近圆形，长 1.2 厘米，宽 1.1 厘米，橙黄色。种子 1 ～ 3 枚，卵形至椭圆形。花期 3—5 月，果期 8 月。

► 生态习性：

原产马达加斯加，现引种于中国南方各省。在中国华南地区和西南地区适宜生长。为热带植物，喜温暖湿润、半阴环境。耐寒性不强，气温 20℃以下叶子发黄，越冬最低温度需在 10℃以上，5℃左右就会冻死。故中国华南地区尚可露地栽培，长江流域及其以北地区均应入温室养护。

► 园林用途：

多种植于热带地区的庭院中，或作观赏树栽种于草地、树荫、宅旁，北方地区主要用于盆栽，是布置客厅、餐厅、会议室、家庭居室、书房、卧室或阳台的高档盆栽观叶植物。

► 易发病虫害：

常见病害有叶枯病、根腐病等，常见虫害有柑橘并盾蚧等。

棕竹

学　　名：***Rhapis excelsa***
别　　名：观音竹、筋头竹、棕榈竹、矮棕竹
科　　属：棕榈科棕竹属

► 识别要点：

丛生灌木，茎干直立，高2～3米。茎纤细如手指，不分枝，有叶节，包以有褐色网状纤维的叶鞘。叶集生于茎顶，掌状，深裂几达基部，有裂片4～10枚，长20～25厘米，宽1～2厘米，叶柄细长，约8～20厘米。肉穗花序腋生，花小，淡黄色，极多，单性，雌雄异株。浆果球形，种子球形。花期4—5月。

► 生态习性：

主要分布于东南亚等地，我国南部至西南部以及日本亦有分布。它常繁生于山坡、沟旁阴蔽潮湿的灌木丛中。喜温暖潮湿、半阴及通风良好的环境，畏烈日，稍耐寒，可耐0℃左右低温。

► 园林用途：

姿态秀雅，翠杆亭立，叶盖如伞，四季常青，观赏价值很高。如作成丛林式，再配以山石，更富诗情画意。

► 易发病虫害：

常见病害有叶枯病等，常见虫害有蚧壳虫等。

加拿利海枣

学　　名：***Phoenix canariensis***
别　　名：长叶刺葵、加拿利刺葵、槟榔竹
科　　属：棕榈科刺葵属

► 识别要点：

株高10～15米，茎秆粗壮。具波状叶痕，羽状复叶，顶生丛出，较密集，长可达6米，每叶有100多对小叶（复叶），小叶狭条形，长100厘米左右，宽2～3厘米，近基部小叶成针刺状，基部由黄褐色网状纤维包裹。穗状花序腋生，长可至1米以上，花小，黄褐色。浆果卵状球形至长椭圆形，熟时黄色至淡红色。

► 生态习性：

喜温暖湿润环境，喜光又耐阴，抗寒、抗旱。生长适温为20℃～30℃，越冬温度－10℃～－5℃，但有在更低温度下生存的记录。热带亚热带地区可露地栽培，在长江流域冬季需稍加遮盖，黄淮地区则需室内保温越冬。

► 园林用途：

植株高大雄伟，形态优美，可孤植作景观树，或列植为行道树，也可三五株群植造景，乃街道绿化与庭院造景的常用树种，深受人们喜爱。幼株可盆栽或桶栽观赏，用于布置节日花坛，效果极佳。

► 易发病虫害：

常见病害有根腐病等，常见虫害有金龟子、象甲虫、椰心叶甲虫等。